农作物栽培与种植
管理技术研究

董楚轩　赵秀兰　刘佛贵◎著

吉林科学技术出版社

图书在版编目（CIP）数据

农作物栽培与种植管理技术研究／董楚轩，赵秀兰，
刘佛贵著. -- 长春：吉林科学技术出版社，2024. 8.
ISBN 978-7-5744-1731-1

Ⅰ. S31

中国国家版本馆 CIP 数据核字第 2024C2C599 号

农作物栽培与种植管理技术研究

著　董楚轩　赵秀兰　刘佛贵
出 版 人　宛　霞
责任编辑　穆　楠
封面设计　金熙腾达
制　　版　金熙腾达
幅面尺寸　170mm×240mm
开　　本　16
字　　数　235 千字
印　　张　14.5
印　　数　1~1500 册
版　　次　2024年8月第1版
印　　次　2024年12月第1次印刷

出　　版　吉林科学技术出版社
发　　行　吉林科学技术出版社
地　　址　长春市福祉大路5788 号出版大厦A 座
邮　　编　130118
发行部电话/传真　0431-81629529 81629530 81629531
　　　　　　　　　81629532 81629533 81629534
储运部电话　0431-86059116
编辑部电话　0431-81629510
印　　刷　三河市嵩川印刷有限公司

书　　号　ISBN 978-7-5744-1731-1
定　　价　87.00元

前　言

　　农业生产的发展，多以农业科学的发展与技术的应用为理论基础，栽培作物是以产量形成的数量、质量、效益和持续发展为主要指标的，而产量的形成是作物、环境和技术措施相互协调的结果，是自然再生产与经济再生产的结合，是一项复杂的系统工程，涉及作物本身、品种特性、土肥水条件、病虫草害防治及栽培措施运筹等。为促进中国农作物栽培科学繁荣发展，切实保障新时代我国农产品的质量安全与粮食作物生产的可持续发展，加快推进农业技术集成化、种植过程机械化、生产经营信息化、生态环保绿色化，是全体农业工作者追求的目标。

　　针对特定作物选择适宜的作物栽培技术可实现增产，作物栽培技术流程看似简单，但如果不加以重视，就会造成生产环节疏漏，对农作物的生长极其不利。所以在选种、播种、田间管理等各个环节都要认真做好，并结合适当的农作物栽培技术与管理措施，才能切实解决我国农作物生产过程中存在的问题，加速我国农业生产进程。本书以此为背景，对农作物栽培和种植管理技术进行了研究，主要对农业主推品种和农作物主推栽培技术进行了系统介绍，深入讨论了农作物的高产种植技术，并对农作物种植过程中的病虫害防治技术和植保机械的使用管理技术进行论述。本书语言通俗易懂，理论联系实际，具有较强的指导性，适用于乡村振兴战略人才培训、高素质农民培训、产业技能培训，也可作为种植户、农业技术人员、农业院校师生的学习参考资料。

　　笔者在本书写作过程中参考了大量文献，在此向相关作者一并致谢。因笔者水平有限，书中难免出现错误和不妥之处，恳请读者批评指正。

目　录

第一章　农作物与栽培的基础理论

第一节　农作物及其生长发育

一、农作物概述

（一）农作物的概念

农作物是农业生产的基础。广义而言，对人类有利用价值并为人类所栽培利用的植物都统称为农作物，包括粮、油、棉、麻、桑、糖、茶、烟、果、菜、花和药用类农作物等。狭义的农作物指在大田里大面积栽培的植物，即大田作物，一般包括粮、油、棉、麻、烟、糖类农作物等。

随着种植业内涵的延伸，果、菜、花、饲料等农作物也被纳入了大田作物的范畴。

（二）农作物的分类

按产品用途和植物学系统相结合的分类方法，通常将作物分为四大类。

1. 粮食作物

（1）禾谷类作物

绝大部分属禾本科，主要作物有水稻、小麦、大麦、玉米、燕麦、黑麦、高粱等。蓼科的荞麦因其籽实可供食用，习惯上也列入此类。

（2）豆类作物

属豆科，主要提供植物性蛋白质，常见的豆类作物有大豆、豌豆、蚕豆、绿豆、菜豆、小扁豆等。

（3）薯类作物

植物学的科属不一，主要生产淀粉类食物，常见的有甘薯、马铃薯、木薯、芋、菊芋等。

2. 经济作物

（1）纤维作物

其中有种子纤维作物，如棉花等；韧皮纤维作物，如亚麻、黄麻等；叶纤维作物，如龙舌兰、蕉麻、剑麻等。

（2）油料作物

主要作物有油菜、花生、芝麻、向日葵、胡麻、红花、油茶、油棕等食用油料作物和蓖麻、油桐等工业油料作物。

（3）糖料作物

主要有甘蔗和甜菜，甘蔗主要生长在南方，甜菜主要生长在北方，是制糖工业原料，可制食用糖。

（4）嗜好作物

主要有烟草、茶、咖啡、可可等。

（5）其他经济作物

主要有桑、橡胶、香料作物（薄荷、花椒等）及编织原料作物（席草、芦苇等）。

3. 饲料及绿肥作物

豆科中常见的有苜蓿、苕子、紫云英、草木樨、田菁、三叶草、沙打旺等，禾本科中常见的有黑麦草、雀麦草等，其他如红萍、凤眼莲等也属此类。这类作物既可用于家畜的饲料，也可以用于改土肥田。

4. 药用作物

药用作物主要为中草药原料，种类繁多，栽培上常见的有三七、天麻、飞蓬、白芍、枸杞、当归、黄连、人参、甘草、半夏、红花、百合、茯苓、灵芝等。

（三）农作物的分布

1. 影响农作物分布的因素

农作物的分布与农作物的生物学特性、气候条件、地理环境、社会经济条件、生产技术水平和社会需求、国内外市场的销售和价格等因素有关。

农作物生长发育离不开温度、光照、水分等环境条件。农作物通过叶绿体把太阳能转化为自身的能量，把 CO_2 和水合成有机物质。在能量和物质的转化过程中，各种农作物对温度的要求不同，对光能和水的利用也不一样，从而对环境的适应性就有显著差异。有些农作物喜温湿环境，而有些农作物则适合于干旱地区生长。

农作物的起源地不同，其生长环境也就不一样。一般来说，农作物在与其起源地相类似的环境条件下才能生长良好。如野生稻生长于热带、亚热带的沼泽地带，形成了水稻喜温好光、需水较多的特性，从而适合在我国南方种植。然而，随着科学技术的发展，人们利用农业科技成果，对农作物的品种特性加以改善，使其耐瘠、抗旱、抗病等，从而使农作物的分布越来越广，扩大了农作物的种植区域。此外，随着人们生活水平的提高、消费习惯的改变，农作物的分布也会发生相应变化。

2. 我国主要农作物生产概况

水稻、小麦、玉米是我国的主要粮食作物，这三大作物各地播种面积和产量差异很大。

小宗粮食作物如豆类、高粱、谷子等作物的播种面积有不断扩大的趋势。油料、棉、麻、糖料等经济作物具有种类繁多、分布广泛、技术性强、商品率高的特点，各地均在进行结构调整，择优发展，建立各种类型、各具特色的经济作物集中产区。茶、桑、果等多年生经济作物也存在着产区分散、重量轻质、布局不当等问题，各地也在逐步建立名优特商品生产基地。总体看来，我国大宗农作物（水稻、小麦、玉米、棉花、油菜、大豆等）生产与世界各主产国相比较，最大的问题是单产偏低，与全国各地主要作物单产之间的差距也很大。因此，提高单位面积作物的产量将是今后作物生产的发展目标与方向。

二、农作物生长发育的过程与发育特性

（一）农作物生长发育的过程

1. 农作物生长发育的概念

农作物的生长和发育是农作物一生中的两种基本生命现象，它们是相互联系而又有区别的生命现象。

生长是农作物个体、器官、组织和细胞在体积、质量和数量上的增加，是一个不可逆的变化过程，它是通过细胞的分裂和伸长来完成的。农作物的生长既包括营养生长也包括生殖生长。

发育是农作物一生中结构、机能的质变过程，它表现在细胞、组织和器官的分化，最终导致植株根、茎、叶和花、果实、种子的形成。

生长和发育两者存在着既矛盾又统一的关系。

（1）生长和发育是统一的

①生长是发育的基础，停止生长的细胞不能完成发育，没有足够大小的营养体不能正常繁殖后代，如水稻的基本营养生长期，即水稻必须经过一定时间的营养生长后，才能在高温和短日照的诱导下进行花芽分化；②发育又促进新器官的生长，农作物经过内部质变后形成具备不同生理特性的新器官，继而促进了生长。

（2）生长和发育又是矛盾的

在生产实践中经常出现两种情况：①生长快而发育慢，有时营养生长过旺的农作物往往影响开花结实，如贪青晚熟；②生长受到抑制时，发育却加速进行，例如在营养不良的条件下，农作物提早开花结实，发生早衰。

因此，要实现农作物产品的高产、优质，就必须根据生产的需求，控制农作物的生长发育过程和强度。

2. 农作物生长发育的一般过程

无论是农作物群体、个体，还是器官、组织乃至细胞，当以时间为横坐标，以它们的生长量为纵坐标时，它们的生长发育都遵循一条 S 形曲线的动态过程，即农作物的个别器官、整个植株的生长发育及农作物群体的建成和产量的积累均经历前期较缓慢、中期加快、后期又减缓以至停滞衰落的过程。这个过程遵循 S 形生长曲线，可将其划分为五个时期。

（1）初始期

农作物生长初期，植株幼小，生长缓慢。

（2）快速生长期

植株生长较快，生长速率不断增大，干物质积累与叶面积成正比。

（3）生长速率渐减期

随着植株生长，叶面积增加，叶片互相荫蔽，单位叶面积净光合速率随叶面积的增加而下降，生长速率逐渐减小。但是由于这一时期叶面积总量大，单位土地面积上群体的干物质积累呈直线增长。

（4）稳定期

叶片衰老，功能减退，干物质积累速度减慢，当植株成熟时停止生长，干物质积累停止。

（5）衰老期

部分叶片枯萎脱落，干物质不但不增加，反而有减少趋势。

S 形曲线可以作为检验作物生长发育过程是否正常的依据之一。如果在某一阶段偏离了 S 形曲线轨迹，会影响农作物生育进程和速度，最终影响产量。因此，农作物生育过程中应密切注视苗情，使之达到该期应有的长势，使农作物向高产方向发展。各种促进或抑制农作物生长的措施，都应在农作物生长发育速度达到最快之前应用，如用矮壮素控制小麦拔节，应该在基部节间尚未伸长时使用，若基部节间已经伸长，就达不到控制的目的了。

（二）作物的发育特性

1. 作物的温光反应特性与阶段发育

大多数作物全生育期可划分为三个阶段，即营养生长阶段、营养与生殖生长并进阶段和生殖生长阶段。营养生长阶段分化出根、茎、叶及分蘖等，穗分化（花芽分化）后进入营养生长和生殖生长并进阶段，此时的生长与物质分配中心仍然以营养器官为主，但营养生长与生殖生长的平衡和协调与否直接影响生殖器官的质量与数量，该时期也是作物生产管理的关键环节之一。开花后营养生长基本结束，进入生殖生长，生长中心转移到籽实等生殖器官。

同一作物的不同品种在不同季节、不同纬度和不同海拔地区种植，其生育期的长短不同，主要原因是作物品种的温光反应特性不同。所谓作物的温光反应特性（又称感温性、感光性）指作物必须经历一定的温度和光周期诱导后，才能由营养生长转为生殖生长，进行幼穗分化或花芽分化，进而开花结实的特性。由于作物的感温和感光能力是在经过一定时期的营养生长后才具有的，这一营养生长时期称为基本营养生长期，作物的这一特性称为基本营养生长性。

2. 作物的感温性

小麦、黑麦、油菜等作物，必须经过一段时间较低温度的诱导，才能由营养生长转向生殖生长，这种低温诱导也称为春化。依据不同作物和不同品种对春化时间、温度要求的不同，一般将作物分为冬性类型、春性类型和半冬性类型三类。这种特性是作物在长期的系统发育过程中形成的。

（1）冬性类型

这类作物品种春化必须经历低温，春化时间也较长，如果没有经过低温条件则不能进行花芽分化和抽穗开花。一般为晚熟品种或中晚熟品种。

（2）春性类型

这类作物品种春化对低温的要求不严格，春化时间也较短。一般为极早熟、早熟和部分早中熟品种。

（3）半冬性类型

这类作物品种春化对低温的要求介于冬性类型和春性类型之间，春化的时间相对较短，如果没有经过低温条件则花芽分化、抽穗开花严重推迟。一般为中熟或中晚熟品种。

3. 作物的感光性

（1）光周期反应

作物的生长发育过程受日照长度（一天中昼夜长短，即光周期）的影响，在长期适应过程中生长发育呈周期性变化，这种对日照长度发生反应的现象称为光周期现象。

（2）短日照作物和长日照作物

根据作物对光周期的反应，大致可以分为长日照作物、短日照作物、日中性作物和定日照作物。

诱导短日植物开花所需的最长日照时数或诱导短日植物开花所需的最短日照时数，称为临界日长。

作物的感光性也是作物在长期的系统发育过程中形成的，如在低纬度地区没有长日照条件，只有短日照，而在高纬度地区因为秋季天气已冷，只有较长的日照时间，作物才能生长发育。在中纬度地区，由于气温在夏季和秋季都较合适，所以适合作物生长发育的长日照和短日照兼而有之。因此，短日照作物和长日照作物在北半球的分布是低纬度地区没有长日照条件，所以只有短日照作物；在中纬度地区，长日照作物和短日照作物都有，长日照作物在春末夏初开花，短日照作物在秋季开花；在高纬度地区，短日照时期气温已经很低，所以只能生存一些要求日照较长的作物。

在人们的不断驯化下，作物对日照长度的适应范围逐渐扩大。如水稻的野生种和晚稻是典型的短日照作物，而中稻和早稻对日照长度不那么敏感；小麦是长日照作物，但许多春性品种可以在南方冬天短日照条件下顺利生长发育。

4. 作物基本营养生长性

作物的生殖生长是在营养生长的基础上进行的，其发育转变必须有一定的营养生长作为物质基础。因此，即使作物处于适于发育的温度和光周期条件下，也必须有最低限度的营养生长，才能进行幼穗分化或花芽分化。这种在作物进入生殖生长前，不受温度和光周期诱导影响的营养生长期称为基本营养生长期。如不同水稻品种基本营养生长期的变化幅度为 24～27 天。不同作物品种的基本营养生长期的长短各异，这种基本营养生长期长短的差异性，称为作物品种的基本营养生长性。

5. 作物温光反应特性在生产上的应用

（1）在引种上的应用

不同地区的温光生态条件各不相同，在相互引种时必须考虑品种的温光反应特性。如感光性弱、感温性也不甚敏感的水稻品种，只要不误季节，且能满足品种所要求的热量条件，则异地引种较易成功。东北水稻品种经历的日照较长，温度较低，引至我国南方则生育期缩短，若原为早熟品种，则出现抽穗早、穗小、粒小、产量不高的现象。我国南方的水稻品种感光性强，所经历的温度高，引至东北则生育期延长，有的甚至不能成熟。又如加拿大的春油菜品种生育期短，但引至我国长江流域做冬油菜品种栽培，其生育期变长，比当地冬性晚熟品种生育期还长；其原因不在于品种的感温性，而在于品种的感光性，因为加拿大春油菜品种对长日照敏感，而在长江流域栽培，油菜开花前日照长度不足 11 小时。总的来说，从相同纬度或温光生态条件相近的地区引种容易成功。

（2）在栽培上的应用

作物品种搭配、播种期的安排等均须考虑作物品种的温光反应特性。例如在我国南方双季稻地区，早稻应选用感光性弱、感温性中等、基本营养生长期较长的晚熟早稻品种，并且在栽培上还应培育适龄壮秧，同时加强前期管理，有利于获得高产。冬小麦和冬油菜若在晚播条件下，要选用偏春性的品种，并且要加强田间管理。而对冬性强的品种，则应注意适时播种。

（3）在育种上的应用

在制定作物育种目标时，要根据当地自然气候条件提出明确的温光反应特性。在杂交育种（制种）时，为了使两亲本花期相遇，可根据亲本的温光反应特性决定其是否进行冬繁或夏繁加代。此外，在我国春小麦和春油菜区，若须以冬小麦和冬油菜为杂交亲本时，则首先应对冬性亲本进行春化处理，使其在春小麦和春油菜区能正常开花，进行杂交。

三、农作物生育期与生育时期

（一）农作物的生育期

1. 农作物生育期的概念

在农作物生产实践中，把从农作物出苗到成熟的总天数，即农作物的一生，称为农作物的全生育期。

以种子或果实为播种材料和收获对象的农作物，其生育期是指种子出苗到新的种子成熟所持续的总天数。其生物学的生命周期和栽培学的生产周期相一致，如水稻、小麦、玉米、棉花、油菜等。由于棉花具有无限生长的习性，一般将播种出苗至开始吐絮的天数作为棉花的生育期，而将播种到全田收获完毕的天数称为棉花的大田生育期。

以营养器官为播种材料或收获对象的作物，生育期是指播种材料出苗到主产品收获时期的总天数，如甘薯、马铃薯、甘蔗等。

另外，对于需要育苗移栽的作物，如水稻、甘薯、烟草等，通常还将生育期分为秧田（苗床）生育期和大田生育期。秧田生育期指作物从出苗到移栽的天数；大田生育期指作物从移栽到成熟的天数。

2. 影响生育期长短的因素

作物生育期的长短，主要是由作物的遗传特性和所处的环境条件决定的。影响生育期长短的因素主要有以下四点：

（1）品种

同一作物的生育期长短因品种而异，有早、中、晚熟之分。早熟品种生育期短，晚熟品种生育期长，中熟品种介于两者之间。

（2）温度

一定的高温可加速生育过程，缩短生育期。相同的品种在不同的海拔高度种植（温度不同），其生育期也会发生变化。

（3）光照

随作物对光周期的反应不同而异。对于长日照作物，光照时间长，生育期缩短，光照时间短，生育期延长；对于短日照作物（如水稻等）光照时间长，生育期延长，光照时间短，生育期缩短。

（4）栽培措施

栽培措施对生育期也有很大的影响。水肥条件好，茎、叶常常生长过旺，成熟期延迟，生育期延长；土壤缺少氮素，则生育期缩短。

（二）作物的生育时期

生育时期指作物一生中其外部形态呈现显著变化的若干时期。

作物一生可以划分为若干个生育时期，目前，各种作物的生育时期划分方法尚未完全统一。现把主要作物的生育时期初步划分介绍如下：

1. 稻麦类

出苗期、分蘖期、拔节期、孕穗期、抽穗期、开花期、成熟期。

2. 玉米

出苗期、拔节期、大喇叭口期、抽穗期、吐丝期、成熟期。

3. 豆类

出苗期、分枝期、开花期、结荚期、鼓粒期、成熟期。

4. 油菜

出苗期、现蕾期、抽薹期、开花期、成熟期。

5. 马铃薯

出苗期、现蕾期、开花期、结薯期、薯块发育期、成熟期。

6. 甘蔗

发芽期、分蘖期、蔗茎伸长期、工艺成熟期。

为了更详细地进行记载，还可以将个别生育时期划分更细一些，如开花期可以分为始花期、盛花期、终花期；成熟期可以分为乳熟期、蜡熟期、完熟期。

当前对生育时期的含义有两种不同的解释：一种是把各个生育时期视为作物全田出现显著形态变化的植株达到规定百分率的起始时期（某一天）；另一种是把各个生育时期看成形态出现变化后持续的一段时期，并以该时期的起始期至下一生育时期的起始期的天数计（一段时期）。

四、农作物生长相互关系

(一) 营养生长与生殖生长的关系

1. 营养生长和生殖生长的概念

农作物生长包括营养生长和生殖生长。农作物营养器官根、茎、叶的生长称为营养生长。农作物生殖器官花、果实、种子的生长称为生殖生长。

营养生长和生殖生长通常以花芽分化（或穗分化）为界限，把生长过程大致分为两个阶段，花芽分化之前属于营养生长期，之后则属于生殖生长期。但是营养生长和生殖生长的划分并不是绝对的，因为作物从营养生长过渡到生殖生长之前，均有一段是营养生长与生殖生长两者同时并进的阶段。

2. 营养生长和生殖生长的关系

（1）营养生长期是生殖生长期的基础

营养生长是作物转向生殖生长的必要准备。如果没有一定的营养生长期，通常作物不会开始生殖生长。因此，营养生长期生长的优劣，将直接影响到生殖生长的优劣，最后影响到作物产量的高低。一般根深叶茂，才能穗大粒满。但是作物营养生长期过旺或过弱，都会影响生殖生长，因而导致产量不高。

（2）营养生长和生殖生长并进阶段彼此间会存在相互影响和相互竞争关系

例如小麦在拔节时，茎秆在伸长，幼穗也在发育时期，这时叶片制造的光合产物和根系吸收的营养物质既要满足茎秆的生长，又要保证幼穗发育的需要。因此，这时增施孕穗肥和适当灌水，有良好的增产效果。但是如果施肥、灌水过多，则造成茎、叶徒长，植株倒伏，籽粒反而不易饱满。

3. 营养生长和生殖生长的调控

营养生长和生殖生长是既相互影响又相互竞争的关系，继而协调好两者之间的关系在作物栽培中十分重要。但由于各种作物收获对象不一样，所以在促进植株的生长发育，调节营养生长和生殖生长的关系上也就不一样。

（1）以果实、种子为收获对象的作物

开花前重点培育壮苗，使营养生长良好，为生殖生长做好物质准备。但应防止生长过旺，以免出现"好禾无好谷"的现象。如水稻、小麦、玉米、油菜等。

（2）以营养器官为收获对象的作物

生长前期以茎、叶生长为主，生长后期以块根、块茎生长为主，因此要促控结合——前期要使茎、叶生长良好，后期要控制茎、叶疯长，以防生长过旺，否则消耗养分过多，不利于块茎形成。如甘薯、马铃薯等。

（3）茎用作物

在营养生长期要尽量利用水肥条件促进茎的伸长，从而达到高产量目的。

要促进早分蘖，控制迟分蘖。因为早分蘖能形成有效茎，增加产量，而迟分蘖因为受到主茎和早分蘖的影响很难形成有效茎，控制迟分蘖可以防止徒长过分消耗养分，影响主茎生长和早分蘖。如甘蔗等。

（4）叶用作物

前期保证植株良好生长，后期控制生殖生长，即封顶打杈。如烟草等。

（二）地上部生长和地下部生长的关系

作物的地上部也称冠部，包括茎、叶、花、果实、种子；地下部主要指根，也包括块茎、鳞茎等。作物的地上部生长与地下部生长密切相关，即通常说的根深才能叶茂、壮苗先壮根，若根系生长不好，则地上部的生长会受较大影响；地上部的生长对根系的生长也有重要作用。

1. 根系与地上部器官之间的生长关系

根系生长依靠茎、叶制造的光合产物，而茎、叶生长又必须依靠根系所吸收的水分、矿物质营养和其他合成物质（细胞分裂素、赤霉素、脱落酸）。它们之间的物质交换是通过茎节的维管组织来完成的，木质部将根系吸收的水和矿物质向上运输，而韧皮部主要将地上部的光合产物向下运输。

2. 根系质量与地上部质量的相互关系（根冠比）

作物在生长过程中，地上部和地下部在质量上表现出一定的比例，通常用根冠比来衡量。根冠比在作物生产中可作为控制和协调根系与冠部生长的一种参数。不同作物、不同品种的根冠比是不同的，即使同一作物、同一品种不同生育期的根冠比也不一致；另外，根冠比是一个相对数值，根冠比大，不一定代表根系的绝对质量大，也可能是地上部生长太弱所致。

一般作物苗期根系生长相对较快，根冠比较大，随着冠部生长发育加快，根冠比越来越小。但是对块根、块茎类作物而言，生长前期应有繁茂的冠层，根冠比要小，后期根冠比应越来越大。例如甘蔗前期根冠比为 0.5，到收获期为 2

左右。

3. 环境条件和栽培措施

环境条件和栽培措施对根部和冠部的影响不一致，因此对根冠比进行适当调节，以使之协调，有利于高产。

①水分过多，则根冠比小，为了培育壮苗，苗期应适当控水，促进根生长，提高根冠比。

②增施氮肥，促进茎、叶生长，可降低根冠比。

③增施磷肥，有利于根系生长，可提高根冠比。

④增施钾肥，有利于块根、块茎的生长，可提高根冠比。

⑤甘薯在块根形成期，进行提蔓，可拉断不定根，减少对水肥的吸收，抑制茎、叶徒长，提高根冠比，有利于块根增产。

⑥修剪，以消除顶端优势，促进地上部的生长，降低根冠比。

（三）作物器官的同伸关系

在作物生长过程中，某些器官在同一时间内呈有规律性的生长或伸长的对应关系，称为器官的同伸关系。同伸关系既表现在同名器官之间（如不同叶位叶的生长），也表现在异名器官之间（如叶与茎）。一般来说，环境条件和栽培措施对同伸器官有同时促进或抑制的作用，因此掌握作物器官的同伸关系，可为调控器官的生长发育提供依据。

1. 同名器官的同伸关系

例如水稻主茎上第二叶展开时，其上一叶（n+1）迅速伸长，其上二叶（n+2）进行组织分化，其上三叶（n+3）叶原基形成。

2. 异名器官的同伸关系

（1）叶-蘖同伸关系

如水稻一般在幼苗生长第四叶时分蘖也开始发生。即当主茎上第 n 叶出生时，在 n-3 叶的叶腋内出现分蘖主茎，叶与分蘖呈 n-3 的同伸关系。

（2）叶-节-根同伸关系

如稻、麦发根节位与节间伸长和出叶之间存在下列规律：n-3 节发根，n-2 节和 n-3 节节间伸长，n 节出叶。

3. 幼穗与营养器官的同种关系

幼穗分化与其他器官之间也存在同种关系，因此依据作物器官相关的外在表现判断各部位的生长发育进程，在禾谷类作物栽培上已广泛应用。例如以叶龄指数、叶龄余数做鉴定穗分化和同种器官生长发育进程的外部形态指标，在稻麦高产栽培上应用，收到了良好效果。同样，以叶龄为指标，也可以指导生产过程中技术措施的适宜时期。

（1）叶龄

即叶片数。当 n 叶时，即开始幼穗分化，n+1 叶时，幼穗分化推进 1 期，n+2 叶时推进 2 期（幼穗分化后，每出 1 叶，幼穗分化推进 1 期）。

（2）叶龄余数

即作物一生总叶数减去已抽出的叶数。例如水稻应剩余 4 片叶的时候，每出 1 片叶或每经历 1 个出叶周期，幼穗分化推进 1 期。

（3）叶龄指数

即作物某一时期已抽出叶数占总叶数的百分数。

（四）个体与群体的关系

作物的一个单株称为个体，而单位土地面积上所有单株的总和称为群体。

1. 作物个体和群体之间既互相联系又互相制约

作物的个体是群体的组成单位，而群体是许多个体组成的整体，但群体中的个体已不同于一个单独的个体。单独生长个体的生长状况和产量高低，不与群体中生长的个体相对应，例如棉花、油菜、大豆等分枝作物，在单独生长的情况下，分枝多且分枝部位低，而在群体中生长却分枝少，且分枝部位高。而且一般说来，群体中生长的个体植株株型比较收敛，群体的产量虽然取决于每个个体的产量，但不是每个个体产量充分增长的总和。这主要是因为作物个体在组成群体后，逐渐形成了群体内部的环境。随着种子发芽出苗、生根长叶、植株长大和分枝（分蘖）增加，个体所占据的空间扩大了，与此同时，群体内部环境则日渐加深了对个体生长的影响，致使个体间的空间缩小，光照度减弱，水分和养分的供应相对减少，从而使个体生长受到抑制，分枝（分蘖）减少，叶片变小，茎秆变细，果实减少。这种在群体中个体生长发育的变化，引起了群体内部环境的改变，而改变了的环境又反过来影响个体生长发育，这一反复过程称为反馈。由于反馈的作用，作物群体在动态发展过程中普遍存在着自动调节现象。群体的自动调节作用表现在生长发育过程中的许多方面，例如在稻、麦等作物群体中分蘖数的消长、穗数和粒数的调节、叶面积指数和干物质的变化等，这些都是自动调节的反映。当然，自动调节能力是相对的，是有一定限度的，如种植过稀，个体间彼此不妨碍，当然不存在自动调节；相反，如种植太密，超出调节的范围，也没有调节的基础。作物群体的自动调节，在植株地上部主要是争取光合营养，而地下部则为争取水分和无机养分。掌握作物个体与群体的关系及群体的自动调节作用，有助于采取相应的措施，促进其向有利于产量的方向发展。

2. 合理的种植密度有利于个体与群体的协调发展

一般说来，种植密度小有利于个体生长，但不能充分利用土地和光能，群体生长量小，单位面积产量不高；种植密度大，个体生长不良，但在一定范围内，群体生长量大，单位面积产量高，如果密度进一步加大，则群体生产将逐渐减少，产量下降。这是因为种植密度的差异除影响个体的生长外，还会影响到群体的透光性和通风性，进而使作物的光合作用效能受到影响，同时水温、土温及二氧化碳浓度等群体内环境因子也会发生变化。这种变化又会影响到土壤中有机物质的分解及微生物的活动、病虫害的传播蔓延等，还会导致植株倒伏及不同程度的生理障碍。一般说来，只有种植密度合理，其个体与群体的矛盾协调较好，单位面积产量才会高。

3. 利用作物群体自动调节原理采取栽培技术措施提高作物产量

除种植密度外，品种的选择、肥料和生长调节剂的应用都能影响作物群体的自动调节。在品种的选择方面，随着施肥水平的提高，一般应选择比较耐肥，中偏矮秆或半矮秆具有倾斜的叶层配置的品种；若要进一步进行多肥集约栽培，还须在半矮秆和直立叶型的基础上，注意对叶片厚度的选择，这样才有利于获得高产。肥料的施用对作物群体影响很大，如施用氮肥有两方面影响：一是影响作物营养器官和产品器官的生长发育；二是协调作物群体结构大小与体内的代谢过程。因此，施肥时期和施用量必须适时适量。

4. 作物高产群体的特点

光合作用是作物产量的根本来源，提高产量的根本途径在于改善光合性能，而改善光合性能的根本途径在于建立合理的群体结构。不同作物的合理群体结构不同，但总体上都具有以下特点：①产量构成因素协调发展，有利于保穗（果），增加粒重；②主茎与分枝（蘖）间协调发展，有利于塑造良好的株型，减少无效枝（蘖）的养分消耗；③群体与个体、个体与个体、个体内部器官之间协调发展；④生长发育进程与生长中心转移、生产中心（光合器官）更替、叶面积指数、茎枝消长动态等诸进程合理一致；⑤叶层受光态势好，功能期稳定，光合效能大，物质积累多，运转效率高。

第二节　农作物的产量与品质

一、农作物的产量

（一）作物产量的含义

作物栽培的目的是获得较多有经济价值的农产品，作物产品的数量即作物产量。作物产量是作物与环境条件紧密联系中所进行的各种生命活动的结果，实际上是把太阳能转化为光能以供作物生长的结果。具体地讲，作物产量是指种植作物在单位土地面积上获得的有价值的农产品数量。通常把作物产量分为生物产量和经济产量。

1. 生物产量

生物产量指作物在整个生育期间，通过光合作用生产和积累的有机物质的总量。这个总量指整个植株即根、茎、叶、花、果实等干物质的质量。一般情况下，根是不可回收的，所以，生物产量通常指地上部总干物质的总量（除块根、块茎类作物）。

在作物的全部干物质中，有机物质占总干物质的 90%~95%，矿物质占 5%~10%。所以光合作用生产和积累的有机物质是形成产量的主要物质基础。

2. 经济产量

经济产量指栽培目的所需要的有经济价值的主产品的数量。由于作物种类和人们栽培目的的不同，它们被用作产品的部分也就不同。例如禾谷类、豆类、油料作物的主产品是籽粒（产品器官），薯类作物为块茎，甘蔗为茎，烟草为叶片，绿肥为全部茎、叶。再如玉米作为粮食作物时，经济产量为籽粒收获量；作为青贮饲料时，经济产量为茎、叶和果穗的全部收获量（经济产量等于生物产量）。

3. 经济系数

经济系数是作物生物产量转化为经济产量的效率，即经济产量与生物产量的比值。

$$经济系数（收获指数）= 经济产量/生物产量 \qquad (1-1)$$

经济系数是综合反映作物品种特性和栽培技术水平的一个通用指标，经济系数越高，说明植株对有机物的利用越经济，栽培技术措施应用越得当，单位生物量的经济效益也就越高。

（1）影响经济系数的因素

对于同一作物，在正常生长情况下，其经济系数是相对稳定的。但对于不同作物，其经济系数就不同。通常，薯类作物的经济系数为 0.7~0.85，水稻、小麦为 0.35~0.5，玉米为 0.3~0.5，大豆为 0.25~0.35，油菜为 0.29 左右。

不同作物的经济系数差异较大，这与作物的遗传特性、收获器官及其化学成分，以及栽培技术和环境对作物生长发育的影响等有关。所利用的产品器官不同，其经济系数就不同：以营养器官为主产品的作物，形成主产品过程比较简单，经济系数就高，如薯类、甘蔗、蔬菜等；而以生殖器官为主产品的作物，形成主产品过程要经过生殖器官的分化、发育等复杂过程，因而经济系数较低，如禾谷类、豆类、油菜等。产品器官的化学成分不同，经济系数也不同：产品以糖类为主的（如淀粉、纤维素等），形成过程需要能量少，经济系数相对较高（如稻、麦等）；产品含蛋白质、脂肪高的，形成过程需能量高，因为糖类须进一步转化才能成为蛋白质、脂肪等，因而经济系数低（如大豆、油菜等）。

（2）生物产量、经济产量与经济系数的关系

一般情况下，作物的经济产量是生物产量的一部分，生物产量是经济产量的基础。没有高的生物产量，也就不可能有高的经济产量，但是有了高的生物产量不等于有了高的经济产量。经济系数的高低表明光合作用的有机物质运转到有主要经济价值的器官中的能力，而不表明产量的高低。在正常情况下，经济产量的高低与生物产量的高低成正比。要提高经济产量，只有在提高生物产量的基础上，提高经济系数，才能达到提高经济产量的目的。但是生物产量越高，不能说明经济产量越高，因为超过一定范围，随着生物产量的增高，经济系数会下降，经济产量反而下降。只有稳定、较高的经济系数和生物产量才能获得较高的经济产量。

（二）作物产量的构成因素

1. 各类作物产量的构成因素

作物产量按单位土地面积上的产品数量计算，构成产量的因素是单位面积上

的株数和单株产量。作物种类不同，其构成产量的因素也有所不同，主要表现在单株产量构成上的差别。

2. 产量与构成因素及其相互关系

作物生产的对象是作物群体，在一定栽培条件下，产量各构成因素存在着一定程度的矛盾。

以禾谷类作物为例：

$$禾谷类作物产量＝每亩穗数×平均每穗实粒数×粒重 \qquad (1-2)$$

从公式（1-2）可以看出，产量随构成因素数值的增大而增加（各因素的数值越大，产量就越高）。但实际上，各产量构成因素很难同步增长，它们之间有一定的制约和补偿的关系。例如作物的群体由个体构成，当单位面积上植株密度增加时，各个体所占营养和空间面积就相应减少，个体的生物产量就有所削弱，故表现出穗粒数减少、粒重减轻。相反，当单位面积的穗数较少时，穗粒数和粒重就会做出补偿性反应，表现出相应增加的趋势。密度增加，个体发育变小是普遍规律，但个体变小，不等于最后产量就小，因为作物生产的最终目的是单位面积上的产量，即单位面积上的穗数、粒数、粒重三者的乘积。当单位面积上的株数（穗数）的增加能弥补甚至超过穗粒数和粒重减少的损失时，仍表现为增产。只有当三个因素中某一因素的增加不能弥补另外两个因素减少的损失时，才表现为减产。

（三）产量形成过程及影响因素

产量形成过程是指作物产量构成因素的形成和物质的积累过程，也就是作物各器官的建成过程及群体的物质生产与分配的过程。

1. 禾谷类作物产量的形成

单位面积的穗数由株数（基本苗）和每株成穗数两个因素构成。因此穗数的形成从播种开始，分蘖期是决定阶段，拔节期、孕穗期是巩固阶段。

每穗实粒数的多少取决于分化小花数、可孕小花数的受精率及结实率。每穗实粒数的形成始于分蘖期，决定于幼穗分化至抽穗期及扬花、受精结实过程。

粒重取决于籽粒容积及充实度，主要决定时期是受精结实、果实发育成熟时期。

2. 影响产量形成的因素

（1）内在因素

品种特性如产量性状、耐肥、抗逆性等生长发育特性，以及幼苗素质、受精结实率等均影响产量形成过程。

（2）环境因素

土壤、温度、光照、肥料、水分、空气、病虫草害的影响较大。

（3）栽培措施

种植密度、群体结构、种植制度、田间管理措施，在某种程度上是取得群体高产、优质的主要调控手段。

（四）产量潜力及增产途径

1. 作物的产量潜力

作物形成的全部干物质中，90%～95%是光合作用的产物，因此我们可以将作物产量表示为：

$$经济产量 = 生物产量 \times 经济系数 = 净光合产物 \times 经济系数$$
$$= [（光合面积 \times 光合能力 \times 光合时间）- 呼吸消耗] \times 经济系数$$

$$(1-3)$$

可见，当光合面积适当，光合能力较强，光合时间长，呼吸消耗少，光合产物分配利用合理时，就能获得高产。因此，通过各种措施和途径，最大限度地利用太阳辐射能，不断提高光合生产率，形成尽可能多的光合产物，是挖掘作物生产潜力的手段。目前，作物对太阳能的利用率还很低，但现代植物生理学已阐明提高作物光能利用率的可能性，事实上也是可以提高的。

2. 作物增产的途径

通过提高光能利用率来提高单产，需要从改进作物和环境因素两个方面着手，具体如下：

（1）培育高光效的品种

选育理想株型，如矮秆、叶片厚（叶绿素含量高）、叶片挺立等（光合能力强）。

（2）合理安排茬口

充分利用生长季节，采用间、套作和育苗移栽等措施，提高复种指数，使一年中在耕地上有尽可能多的时间生长作物（延长光合时间）。

（3）采用合理的栽培技术措施

合理密植，前期迅速封行，中期有较适宜的叶面积。正确运用肥水措施，使叶面积维持较长时间的光合作用和具有较强的光合能力。

（4）提高光合效率

补施二氧化碳，人工补给光照，抑制光呼吸消耗等。

二、农作物的品质

（一）作物品质的含义

1. 作物品质的概念

作物产品品质是指其利用质量和经济价值。作物产品是人类生活必不可少的物质，依其对人类的用途可划分为两大类：一类作为人类的食物；另一类通过工业加工满足人类衣着、嗜好、药用等需要。粮食作物主要包括稻米、小麦、大麦、玉米、高粱、薯类等。人类所需要的植物油90%以上来自油菜、棉籽、大豆、花生、向日葵五大油料作物，人们越来越注意食用油脂品质的改进。此外，人类衣着原料如棉、麻等，糖料及嗜好原料如甜菜、烟草、茶叶等产品品质也不断提升。对禾谷类作物和经济作物产品品质的衡量标准是不同的，作物品质有时和产量要求是协调的，有时和产量要求是矛盾的。

2. 评价作物产品品质的指标

（1）生化指标

包括作物产品所含的生化成分，如糖类、脂肪、蛋白质、微量元素、维生素等，还有有害物质、化学农药及有毒金属元素等污染物质的含量等。

（2）物理指标

如产品的形状、大小、色泽、味道、香气、种皮厚度、整齐度、纤维长度及纤维强度等。

（二）不同农作物的品质概述

1. 粮食作物的品质

粮食作物产品品质可概括为营养品质、食用品质、加工品质及商品品质等。

（1）营养品质

①禾谷类农作物。

如小麦、水稻、玉米、高粱、谷子等是人类获取蛋白质和淀粉的主要来源，禾谷类作物籽粒中含有大量的蛋白质、淀粉、脂肪、纤维素、糖类、矿物质等。蛋白质是人类生命的基本物质，因此，蛋白质含量及其氨基酸组分是评价禾谷类作物营养品质的重要指标。

②食用豆类农作物。

如大豆、蚕豆、豌豆、绿豆、小豆等，其籽粒富含蛋白质，而且蛋白质的氨基酸组分比较合理，因此营养价值高，是人类所需蛋白质的主要来源。大豆作为蛋白质作物，籽粒的蛋白质含量约占40%，其氨基酸组分接近全价蛋白质；大豆的蛋白质生物价值为64~80，其他豆类籽粒蛋白质含量在20%~30%。蛋白质组分中，赖氨酸含量较高，但色基酸含量较少，与禾谷类混合食用，可以达到氨基酸互补的效果。

③薯芋类农作物。

其利用价值主要在于其块根或块茎中含有大量淀粉。甘薯块根淀粉含量在20%左右，马铃薯块茎淀粉含量在10%~20%，高者可达29%。甘薯块根中蛋白质的氨基酸种类多于水稻、小麦，营养价值较高。马铃薯块茎中非蛋白质含氮化合物以游离氨基酸和酰胺占优势，提高了马铃薯块茎营养价值。此外，块茎中含有大量的维生素C（每100 g块茎中含维生素C10~25 mg）。

（2）食用品质

作为食物，不仅要求营养品质好，而且要求食用品质好。以稻米为例，决定食用品麦品质的指标包括粒长、长宽比、垩白率、垩白度、透明度、糊化温度、胶稠度、直链淀粉及蛋白麦含量等。一般认为，直链淀粉含量低、胶稠度高、糊化温度较低是食用品质较佳的标志。外观品质中透明度与食味有极密切的关系。小麦、黑麦、大麦等麦类作物的食用品质主要指烘烤品质，而烘烤品质与面粉中面筋含量和质量有关。一般面筋含量越高，其品质越好，烘制的面包质量越好。面筋的质量根据其延伸性、弹性、可塑性和黏结性进行综合评价。

加工品质及商品品质的评价指标随作物产品不同而不同。水稻的碾磨品质指出米率，品质好的水稻出米率大于79%，精米率大于71%，整精米率大于58%。小麦的磨粉品质指出粉率，一般籽粒近球形、腹沟浅、胚乳大、容重大、粒质较硬的白皮小麦出粉率高。甘薯切丝晒干时，要求晒干率高；提取淀粉时，要求出粉率高、无异味等。稻米的外观品质即商品品质，优质稻米要求无垩白、透明度高、粒形整齐；优质玉米要求色泽鲜艳、粒形整齐、籽粒密度大、无破损、含水量低等。

2. 经济作物的品质

（1）纤维作物的品质

棉花的主要产品为种子纤维。棉纤维品质由纤维长度、细度和强度决定。我国棉纤维平均长度在 28mm 左右，35mm 以上的超级长绒棉也有生产。一般陆地棉的纤维长度在 21~33mm，海岛棉在 33~45mm。纤维的外观品质要求洁白、成熟度好、干爽等。

（2）油料作物的品质

脂肪是油料作物种子的重要贮存物质。油料作物种子的脂肪含量及组分决定其营养品质、贮藏品质和加工品质。一般说来，种子中脂肪含量高，不饱和脂肪酸中的人体必需脂肪酸油酸和亚油酸含量则较高，且两者比值适宜；亚麻酸或芥酸含量，是提高出油率、延长贮存期、食用品质好的重要指标。

（3）糖料作物的品质

甜菜和甘蔗是两大糖料作物，其茎秆和块根中含有大量的蔗糖，是提取蔗糖的主要原料。出糖率是糖料作物的加工品质评价指标。

（4）嗜好作物的品质

嗜好作物主要有烟草、茶叶、薄荷、咖啡、啤酒花等。烟草、烟叶品质由外观品质、化学成分、香气、吃味和实用性决定。烟叶品质通常分为外观品质和内在品质。外观品质即烟叶的商品等级质量，如成熟度、叶片结构、颜色、光泽等外表性状；内在品质是指烟叶的化学成分，如燃吸时的香气、吃味、劲头、刺激性等烟气质量，以及作为卷烟原料的可用性。

3. 饲料农作物的品质

常见的豆科饲料作物如苜蓿、草木樨，禾本科饲料作物如苏丹草、黑麦草、雀麦草等，其饲用品质主要决定于茎、叶中蛋白质含量、氨基酸组分、粗纤维含量等。一般豆科饲料作物在开花或现蕾前收割，禾本科饲料作物在抽穗期收割，此时茎、叶鲜嫩，蛋白质含量最高，粗纤维含量最低，营养价值高，适口性好。

（三）提高农作物品质的途径

1. 选用优质品种

随着育种手段的不断改进，品质育种越来越受到重视，粮、棉、油等主要作物的优质品种有很多得到了推广。如"四低一高"（低纤维、低芥酸、低硫代葡萄糖苷、低亚麻酸、高亚油酸）的油菜品种，高蛋白质、高脂肪的大豆品种，高赖氨酸的玉米品种，抗病虫的转基因棉花品种等，都对我国的高产、优质农业起到了推动作用，以后在提高作物产品品质方面仍将起到重要的作用。

2. 改进栽培技术

研究和实践表明，在作物生长发育过程中，采取各种栽培措施都可以影响产品的品质，所以，优良的栽培技术是提高产品品质的途径之一。

（1）合理轮作

合理轮作是通过改善土壤状况、提高土壤肥力而提高作物产量和品质。如棉花和大豆轮作，可使棉花产量增加，提早成熟，纤维品质提高。

（2）合理密植

作物的群体过大，个体发育不良，可使作物的经济性状变差，产品品质降低。如小麦群体过大，后期引起倒伏，籽粒空瘪，蛋白质和淀粉含量降低，产量和品质下降；但是纤维类作物，适当增加密度能抑制分枝、分蘖的发生，使主茎伸长，对纤维品质的提高有促进作用。

（3）科学施肥

营养元素是作物品质提高不可缺少的因素之一，用科学的方法施肥能增加产量，改善品质。如棉花，适当增施氮肥能增加棉铃质量、增长纤维；施钾肥可提高纤维细度和强度；使用硼、镁等微量元素能促进早熟，提高纤维品质等。对烟草而言，过多施用氮元素会造成贪青晚熟，难以烘烤，使品质下降。所以，要针对不同的作物，合理施用营养元素，提高其品质。

（4）适时灌溉与排水

水分的多少也会影响产品品质。水分过多会影响根系的发育，尤其对薯类作物的品质极为不利，可使其食味性差、不耐贮藏、肉色不佳，甚至会产生腐烂现象。如土壤水分过少会使薯皮粗糙，降低产量和品质；陆稻和水稻要求的水分条件不同，水分不足使陆稻的蛋白质含量比水稻高，但在食味方面，却不及水稻。

（5）适时收获

小麦要求在蜡熟期收获，到了完熟期蛋白质和淀粉含量均有所下降；水稻收获过早，糠层较厚；棉花收获过早或过晚都会降低棉纤维的品质。此外，作物农药的残留、杂草的危害等都会影响产品品质。

3. 提高农产品的加工技术

农产品加工是改进和提高其品质的重要措施之一。农产品中的有害物质（单宁、芥酸、棉酚等）可以通过加工方法降低或消除。如菜籽油经过氧化处理后，将由几种脂肪酸组成的不同油脂调配成调和油，极大地改善了菜籽油的品质；将稻谷加工成一种新型的超级精米，使80％的胚芽保留下来，其品质较一般稻米优良。另外，在食品中添加人类必需的氨基酸、各种维生素、微量元素等营养成分，制成形、色、味俱佳的食品，大大提高了农产品的营养品质和食用品质。

三、农作物的产量与品质的关系

作物产量和产品品质是作物栽培、遗传育种学科研究的核心问题，实现高产、优质的栽培是作物遗传改良及环境与措施等调控的主要目标。作物产量及品质是在光合作用的产物积累与分配的同一过程中形成的，因此，产量与品质间有着不可分割的关系。不同作物、不同品种，其由遗传因素所决定的产量潜力和产品的理化性状有很大差异，再加上遗传因素与环境的相互作用，使产量和品质间的关系变得相当复杂。

从人类的需求看，作物产品的数量和质量同等重要，而且对品质的要求越来越高。实际上，即使是以提高某些成分为目标，但最终仍是以提高营养产量或经济产量为目的。在大多数作物上观察到，一般营养物质含量高的成分，特别是蛋白质、脂肪、赖氨酸等很难与丰产性相结合。作物产品中的有机化合物都是由光合作用的最初产物——葡萄糖进一步转化合成的。在光合作用下产生的葡萄糖相等时，籽粒中的化学成分以淀粉为主的作物，其产量必然高于那些以蛋白质和脂肪为主要成分的作物。换言之，若提高籽粒中蛋白质或脂肪含量，产量将会有所下降，除非进一步提高作物的光合效率，增强物质生产的能力。

环境和栽培措施对作物产量和品质均有明显影响。一般认为，不利的环境条件往往会增加蛋白质含量，实际上提高蛋白质含量的多数农艺措施往往导致产量降低。但是，产量和蛋白质含量间的关系不是直线关系，合理的栽培措施、适宜的生态环境常常既有利于提高产量，又有利于改善品质。随着生物技术的发展，通过进一步扩大基因资源，改进育种方法，利用突变育种或近缘育种技术，根据作物、品种的生态适应性，实行生态适种，调节不同生态条件下的栽培技术，创造遗传因素与非遗传因素相互作用的最适条件等，可以打破或削弱产量与品质间的负相关关系，促进其正相关关系。

第三节　农作物栽培的主要环节

一、土壤耕作

（一）土壤耕作的概念和任务

土壤耕作指使用农机具以改善土壤耕层构造和地面状况等的综合技术体系。

土壤耕作的目的是利用机械的作用，创造疏松绵软、结构良好、土层深厚、松紧度适中、平整肥沃的耕层。

土壤耕作的任务是为作物创造固相、液相、气相比例适当而且持久的水、肥、气、热协调的土壤环境，使作物能正常地生长发育，更好地发挥增产潜力。

（二）土壤耕作的内容

1. 基本耕作

基本耕作又称为初级耕作，指入土较深、作用较强烈、能显著改变耕层物理性状、后效较长的一类土壤耕作措施。

（1）耕翻

耕翻的主要工具有排犁，有时也用圆盘犁。这项措施不适用于缺水地区。

①耕翻方法。

因犁壁的形状不同主要有三种耕翻方法：即全翻垡、半翻垡和分层翻垡。

②耕翻时期。

全田耕翻要在前作物收获后进行，随各地熟制而不同。北方一年一熟地区，每年种一茬春播作物，由于冬春干旱，所以强调秋耕，以接纳雨水；种植冬小麦地区，则是夏闲伏耕、播前秋耕；南方耕翻多在秋、冬季进行，有利于干耕晒垡，冬季冻垡，以加速土壤的熟化过程，又不影响春播适时整地。播种前的耕作宜浅，以利于整地播种。

③耕翻深度。

耕翻深度因作物根系分布范围和土壤性质而不同。根据深耕所需动力消耗和增产效益，一般认为目前大田生产耕翻深度，旱地以 20～25cm、水田以 15～20cm 较为适宜。在此范围内，黏壤土土层深厚，土质肥沃，上、下层土壤差异不大，可适当加深；沙质土上下层土壤差异大，宜稍浅。

（2）深松耕

以无壁犁、深松铲、凿形铲对耕层进行全田的或间隔的深位松土。耕深可达 25~30cm，最深为 50cm，此法分层松耕，不乱土层。适合于干旱、半干旱地区和丘陵地区，以及耕层土壤为盐碱土、白浆土的地区。

（3）旋耕

采用旋耕机进行。旋耕机上安装犁刀，旋转过程中起切割、打碎、掺和土壤的作用。一次旋耕既能松土，又能碎土，土块下多上少。水田、旱田整地都可用旋耕机，一次作业后就可以进行旱田播种或水田放水插秧，这样比较省工、省时，成本较低。旋耕机在实际运用中常只耕深 10~12cm 的土壤层，应作为翻耕的补充作业。从国内实践看，无论水田还是旱田，多年连续单纯旋耕，易导致耕层变浅与理化状况变劣，故旋耕应与翻耕轮换应用。

2. 表土耕作

表土耕作也称土壤辅助耕作，是改善 0~10cm 深的耕作层和表面土壤状况的措施，也是配合耕翻的辅助作业。

（1）耙地

耙地是农田耕翻后，利用各种表层耕作机具平整土地的作业。常用的耙地工具有圆盘耙、钉齿耙、刀耙和水田星形耙等。耙地可以破碎土块、疏松表土、保蓄水分、增高地温，同时具有平整地面、掩埋肥料和根茎及消灭杂草等作用。我国北方常于早春季节进行顶凌耙地，南方稻区则有干耙和水耙之分。干耙在于碎土，水耙在于起浆，同时也有平整田面和使土肥相融的作用。

（2）耱地

用耱耙地的一种整地作业。耱又名耱，是用树枝或荆条编于木耙框上的一种无齿耙，是我国北方地区常用的一种整地工具。于耕翻或耙地后耕地可捶碎土块、耕平耙沟、平整地面，兼有镇压、保墒作用。

（3）耖田

水田中用耖进行的一种表土耕作作业。耖又称"而"字耙，类似长钉齿耙的耖田耙，还有一种平口耖。耖田目的在于使耕耙后的水田地面平整，并进一步破碎土块和压埋残茬、绿肥，促使土肥相融。耖田有干耖和水耖之分。干耖时土壤水分要适宜，水耖时水层不宜过深或过浅。平口耖只适宜于水耖，常在播种前准备秧田和插秧前平整水田时使用。

（4）镇压

利用镇压器具的冲力和重力对表土或幼苗进行镇压的一种作物栽培措施。分播前镇压、播后镇压和苗期镇压。

播前土壤镇压可压碎残存土块、平整地面，适当提高土壤紧密度、增加毛细管作用而保蓄耕层含水量。播后立即镇压可压碎播种时翻出的土块，使种子覆盖均匀，种子与土壤密接，有利于幼苗发根，并可减少地面水分蒸发和风蚀。苗期镇压又称压青苗，可使地上部迟缓生长，基部节间粗短，根系充分发展，从而提高抗倒能力。因苗期镇压多在冬季进行，故还有保温防冻的作用。要需要注意的是，含水量较大或地下水位较高的地块、盐碱地等不宜镇压。

（5）作畦

为便于灌溉排水和田间管理，播种前一般需要做畦。我国北方干旱少雨，小麦水浇地上作平畦。畦长 10～50m，畦宽 2～4m，一般应为播种机宽度的倍数。四周做宽约20cm、高15cm的田畦。南方雨水多，地下水位高，开沟作畦是排水防涝的重要措施。雨水多、土质黏重、排水不良的地区宜采用深沟窄畦，畦宽 1.3～2m；反之，可采用浅沟宽畦。最好是三沟（畦沟、腰沟和围沟）配套，深度由浅到深，以利于排水。

（6）起垄

实行垄作，可以起到防风排水、提高地温、保持水土、防止表土板结、改善土壤通气性、压埋杂草等作用。一般用犁开沟培土而成。垄宽 50～70cm。

块茎、块根作物通过起垄栽培，可增厚耕层并提高土温，不仅有利于排水和防止风蚀，还能加大昼夜温差，有利于产品增加质量。

3. 少耕和免耕

（1）少耕

少耕指在常规耕作基础上尽量减少土壤耕作次数或全田间隔耕种、减少耕作面积的一类耕作方法。此方法有覆盖残茬、蓄水保墒、防水蚀和风蚀作用，但杂草危害严重，应配合杂草防除措施。

（2）免耕

免耕又称零耕、直接播种，指作物播种前不用犁、耙整理土地，而是直接在地上播种，在播后和作物生育期间也不使用农具进行土壤管理的耕作方法。免耕的基本原理有以下两个：一是用生物措施，利用秸秆粒盖代替土壤耕作；二是以除草剂、杀虫剂等代替土壤耕作的除草和翻埋病菌及害虫的作用。

二、田间管理措施

田间管理十分重要，它包括从作物播种到收获整个生育过程中在田间进行的一系列管理工作。田间管理的目的在于给作物生长发育创造最理想的条件，综合运用各种有利因素来克服不利因素，以发挥作物最大的生产潜力。

（一）查苗、补苗

保证全苗是作物获得高产的一个重要环节。作物播种后，常因种子质量差，整地质量不好，播种后土壤水分不足或过多，播种过早，病虫危害，播种技术差或化肥、农药施用不当等造成缺苗。故在作物出苗后，应及时查苗，如发现有漏播或缺苗现象，应立即用同品种种子进行补种或移苗补栽。

补种是在田间缺苗较多的情况下采用的补救措施。补种应及早进行，出苗后要追肥促发，以使补种苗尽量赶上早苗。

移苗补栽是在缺苗较少或发现缺苗较晚情况下的补救措施，一般结合间苗，就地带土移栽，也可以在播种的同时，在行间或田边播一些预备苗。为保证移栽成活率，谷类作物必须在 3 叶期前、双子叶作物在第一对真叶期前移栽。移栽补苗应选择在阴天、傍晚或雨后进行，用小铲挖苗，带土移栽，栽后及时浇水。

（二）间苗、定苗

为确保直播作物的密度，一般作物的播种量都要比最后要求的定苗密度大出几倍。因此，出苗后幼苗拥挤，造成苗与苗之间争光照、争水分、争养分，影响幼苗健壮生长，故必须及时做好间苗、定苗工作。

间苗又称疏苗，指在作物苗期，分次间去弱苗、杂苗、病苗，保持一定株距和密度的作业。间苗要掌握去密留匀、去小留大、去病留健、去弱留壮、去杂留纯的原则，且不损伤邻株。每次间苗后，要及时补肥补水，促进根系生长。

定苗是直播作物在苗期进行的最后一次间苗。按预定的株、行距和一定苗数的要求，留匀、留齐、留壮苗。发现断垄缺株要及时移苗补栽。

（三）中耕、培土

中耕是指在作物生育期间，在株、行间进行锄耘作业，目的在于松土、除草或培土。在土壤水分过多时，中耕可使土壤表层疏松，散发水分，改进通气状况，提高土温，促进根系生长，有利于作物根系的呼吸和吸收养分。在干旱地区或季节，中耕可切断表土毛细管，减少水分蒸发，减轻土壤干旱程度，同时可消灭杂草，减少水分和养分的消耗。中耕一般进行2~3次，深度以6~8cm为好。

培土也叫壅根，是结合中耕把土培到作物根部四周的作业，目的是增加茎秆基部的支持力量，促进根系发展，防止倒伏，便于排水，覆盖肥料等。越冬作物培土有提高土壤温度和防止根部冻害的作用。

（四）施肥

1. 施肥原则

（1）用养结合

采用有机肥和无机肥相结合，用地与养地相结合，才能在提高作物产量的同时培肥土壤，保持地力经久不衰。

（2）按需施肥

作物对营养元素的吸收具有选择性和阶段性，因而施肥时就应考虑作物的营养特性和土壤的供肥性能，根据作物生长所需来选择肥料的种类、数量和施肥时期，合理施肥，达到相应器官正常生长的目的。在作物营养临界期，不致因作物缺乏某种养分而发育不良；在作物营养最大效率期，应及时追肥，以满足作物增产的需要，提高肥料利用率。

（3）充分发挥肥效

施肥时应注意最小养分律、限制因子律、最适因子律的作用，注重营养元素的合理配比和施用，充分发挥营养元素间的互补效应；在提高肥料利用率的同时，发挥肥料的最大经济效益。

2. 肥料的种类

（1）有机肥料（农家肥料）

该肥料属迟效性肥料，包括农家的各种废弃物，如人畜粪尿、厩肥、堆肥、浸肥、饼肥以及绿肥、秸草、塘泥等。这类肥料的主要特点是来源广、成本低、养分含量全，且分解释放缓慢、肥效期长，可改良土壤的理化性状，提高土壤肥力。在分解有机质过程中，还能生成二氧化碳，有利于光合作用，适宜于各种土壤和作物施用。

（2）化学肥料（无机肥料）

化学肥料根据化肥中所含的主要成分可分为氮肥、磷肥、钾肥、复合肥和微量元素肥等，它属于速效性肥料，易溶于水、肥效高、肥效快，能被作物直接吸收利用，这是化学肥料的共同特点。

（3）微生物肥料

常用的有根瘤菌、固氮菌、抗生菌、磷细菌和钾细菌等。微生物肥料的作用在于通过微生物的生命活动，增加土壤中的营养元素。在施用时应注意与有机肥料、无机肥料配合，并为微生物创造适宜的生活环境，以发挥其肥效。

3. 施肥方法

（1）基肥

一般以有机肥料做基肥，适当配合化学肥料施用更为有效。在土壤耕翻前均匀撒施，耕翻入土，使土肥相融，可提供作物整个生育期间所需的养分。

（2）种肥

有机肥料、化学肥料、微生物肥料均可做种肥。但有机肥料做种肥必须沤至腐熟，并混合化肥施用。在播种前把肥料施入播种沟内，或播后盖种。使用半腐熟有机肥或施肥多时，不能使肥料直接与种子接触，应做到肥、种隔离，以免烧芽、烧根，影响出苗。用化学肥料做种肥，可采用浸种、拌种或在播种时与肥料同时施入的方法。其作用是提供作物幼苗生长的养分。

（3）追肥

按照不同作物的需肥特点，在不同生育时期施入的肥料。其作用是供给作物各个生育时期所需的养分，同时可减少肥料的损失，提高肥料的利用率。一般根据化学肥料的性质，采用不同方式进行追肥，生产上常用的有深层追肥、表层追肥和叶面追肥（根外追肥）。

（五）灌溉与排水

1. 灌溉

灌溉是向农田人工补水的技术措施。除满足作物需水要求外，还有调节土壤的温热状况、培肥地力、改善田间小气候、改善土壤理化性状等作用。灌溉的方法主要有以下两种：

（1）普通灌溉

如大水漫灌等。

（2）节水灌溉

节水灌溉就是要充分有效地利用自然降水和灌溉水，最大限度地减少作物耗水过程中的损失，优化灌水次数和灌水定额，把有限的水资源用到作物最需要的时期，最大限度地提高单位耗水量的产量和产值。目前，节水灌溉技术在生产上发挥着越来越重要的作用，主要包括地上灌（如喷灌、滴灌等）、地面灌（如膜上灌等）和地下灌三大系统。

2. 排水

排水的目的在于除涝、防渍，防止土壤盐碱化，改良盐碱地、沼泽地等。通过调整土壤水分状况来调整土壤通气性和温湿状况，为作物正常生长、适时播种和田间耕作创造条件。排水方法有以下两种：

（1）明沟排水

即在田面上每隔一定距离开沟，以排除地面积水和耕层土壤中多余的水分。明沟排水系统一般由畦沟、腰沟与围沟组成。明沟排水的优点是排水快；缺点是影响土地利用率、增加管理难度等。

（2）暗沟排水

即通过农田下层铺设的暗管或开挖的暗沟排水。其优点是排水效果好、节省耕地、方便机械化耕作，缺点是成本高、不易检修。

三、收获与贮藏

（一）收获

1. 收获时期的确定

（1）以种子、果实为产品的作物

该类作物其生理成熟期即为产品收获期，如禾谷类、豆类及花生、油菜、棉花等。禾谷类作物穗在植株上部，成熟期基本一致，可在蜡熟末期至完熟期收获。棉花、油菜等由于棉铃或角果部位不同，成熟度不一。棉花在吐絮时收获，油菜以全田70%~80%植株的角果呈黄绿色、分枝上部尚有部分角果呈绿色时为收获适期。花生、大豆以荚果饱满，中部及下部叶片枯落，上部叶片和茎秆转黄为收获适期。

（2）以块根、块茎为产品的作物

一般这类作物的收获物为营养器官，地上部茎、叶无显著成熟标志，一般以地上部茎、叶停止生长，并逐渐变黄，地下部贮藏器官基本停止膨大，干物质质量达最大时为收获适期，如甘薯、马铃薯、甜菜等；同时应结合产品用途、气候条件确定收获期。甘薯在温度较高条件下收获不易贮藏；春马铃薯在高温时收获，芽眼易老化，晚疫病易蔓延，低于临界低温收获也会降低品质和贮藏性。

（3）以茎秆、叶片为产品的作物

该类作物收获期不以生理成熟期为标准，而常常以工艺成熟期为收获适期。甘蔗在蔗糖含量最高，在还原糖含量最低，蔗糖质量最纯、品质最佳，外观上甘蔗叶片变黄时收获，同时结合糖厂开榨时间，按品种特性分期砍收。烟叶是由下往上逐渐成熟，其特征是叶色由深绿变成黄绿，厚叶起黄斑，叶片茸毛脱落，有光泽，茎叶角度加大，叶尖下垂。麻类作物等中部叶片变黄，下部叶片脱落，纤维产量高，品质好，易于剥制，即为工艺成熟期，也是收获适期。

2. 收获方法

作物的收获方法因作物种类而异，目前主要有以下三种：

（1）刈割法

禾谷类作物多用此法收获，用收割机或人工刈割收获。

（2）摘取法

棉花、绿豆等作物多用此法。棉花是在棉铃吐絮后，用人工或机械采摘。绿豆收获是根据果荚成熟度，分期、分批采摘，集中脱粒。

（3）挖取法

一般块根、块茎作物多采用此法，可用机械收获或人工挖掘收获。

（二）处理与贮藏

禾谷类等作物收获后，应立即进行脱粒和干燥。种子脱粒后，必须尽早晒干或烘干扬净。棉花必须分级、分晒、分轧，以提高品质，增加经济效益。

薯类以食用为主，保鲜极为重要。薯类保鲜必须注意三个环节：在收、运、贮过程中要尽量避免损伤破皮；在入窖前要严格选择，剔除病、虫、伤薯块；加强贮藏期间的管理，特别要注意调节温度、湿度和通风。

甜菜、甘蔗、麻类、烟草等经济作物的产品，一般须加工后才能出售。甜菜收获后，块根根头，特别是着生叶子的青皮含糖量低、制糖价值小，必须切削。同时，切除干枯叶柄和不利于制糖的青顶和尾根，然后尽早向糖厂交售。甘蔗的蔗茎在收获前应先剥去叶片，收获后再切去根、梢，然后打捆装车尽快交售。麻类作物在收获后，应先进行剥制和脱胶等加工处理，然后晒干、分级整理，即可交售或保存。烟草因晒烟、烤烟等种类的不同，其处理方法也不同。

第二章 农作物主推品种

第一节 水稻与玉米主推品种

一、水稻主推品种

（一）早稻

1. 鄂早 18

品种来源：黄冈市农业科学研究所、湖北省种子集团公司。

品种审定编号为鄂审稻 002-2003。

特征特性：该品种属迟熟籼型早稻。株型紧凑，叶片中长略宽，叶色浓绿，剑叶短挺。分蘖力中等，生长势较旺，抽穗后剑叶略高于稻穗，齐穗后灌浆速度快，成熟时叶青籽黄，转色好。

米质主要理化指标：出糙率 78.4%，整精米率 54.9%，垩白粒率 23%，垩白度 2.9%，直链淀粉含量 17.1%，胶稠度 82mm，长宽比 3.3，达到国标优质稻谷质量标准。

抗病性鉴定为中感白叶枯病和穗颈稻瘟病。

适宜范围：适于湖北省稻瘟病轻发的双季稻区做早稻种植。

2. 两优 302

品种来源：湖北大学生命科学学院。

品种审定编号为鄂审稻 2011001。

特征特性：该品种属中熟偏迟籼型早稻，感温性较强。株型适中，茎秆较粗壮，分蘖力中等，生长势较旺。叶色浓绿，剑叶较短、挺直。穗层整齐，中等偏大穗，着粒均匀，穗顶部有少量颖花退化。谷粒长形，稃尖无色，成熟时转色好。

米质主要理化指标：出糙率 78.9%，整精米率 60.5%，垩白粒率 30%，垩白度 3.6%，直链淀粉含量 20.6%，胶稠度 60mm，长宽比 3.5，达到国标三级优质稻谷质量标准。

抗病性鉴定为高感稻瘟病，中感白叶枯病。

适宜范围：适于湖北省稻瘟病无病区或轻病区做早稻种植。

3. 两优 287

品种来源：湖北大学生命科学学院。

品种审定编号为鄂审稻 2005001。

特征特性：该品种属中熟偏迟籼型早稻，感温性较强。株型适中，茎秆较粗壮，叶色浓绿，剑叶短挺微内卷。分蘖力中等，生长势较旺，穗层较整齐，有少量包颈和轻微露节现象。谷粒细长，谷壳较薄，稃尖无色，成熟时叶青籽黄，不早衰。

米质主要理化指标：出糙率 80.4%，整精米率 65.3%，垩白粒率 10%，垩白度 1.0%，直链淀粉含量 19.5%，胶稠度 61mm，长宽比 3.5，达到国标一级优质稻谷质量标准。

抗病性鉴定为高感穗颈稻瘟病，感白叶枯病。

适宜范围：适于湖北省稻瘟病无病区或轻病区做早稻种植。

（二）中稻

1. 广两优香 66

品种来源：湖北省农业技术推广总站、孝感市孝南区农业局、湖北中香米业有限责任公司。

品种审定编号为鄂审稻 2009005。

特征特性：该品种属迟熟籼型中稻。株型较紧凑，株高适中，生长势较旺，分蘖力较强。茎秆较粗，部分茎节外露。叶色深绿，剑叶中长、挺直。中等偏大穗，着粒较密，谷粒长形，有少量短顶芒，稃尖无色，成熟期转色较好。

米质主要理化指标：出糙率 80.4%，整精米率 65.2%，垩白粒率 20%，垩白度 3.0%，直链淀粉含量 16.6%，胶稠度 86mm，长宽比 3.0，有香味，达到国标二级优质稻谷质量标准。

抗病性鉴定为感白叶枯病，高感稻瘟病，田间稻曲病较重。

适宜范围：适于湖北省江汉平原和鄂中、鄂东南的稻瘟病无病区或轻病区做中稻种植。

2. 扬两优 6 号

品种来源：江苏里下河地区农业科学研究所。

品种审定编号为国审稻 2005024、鄂审稻 2005005。

特征特性：株型适中，叶片挺且略宽长，叶色浓绿，叶鞘、颖尖无色。抽穗至齐穗时间较长，穗层欠整齐，穗部弯曲，谷粒细长有中短芒。分蘖力及田间生长势较强，耐寒性一般，后期转色一般。

米质主要理化指标：出糙率 80.4%，整精米率 58.8%，垩白粒率 14%，垩白度 2.8%，直链淀粉含量 15.4%，胶稠度 83mm，长宽比 3.1，达到国标三级优质稻谷质量标准。

抗病性鉴定为高感穗颈稻瘟病，中抗白叶枯病。

适宜范围：适于湖北省鄂西南山区以外的地区做中稻种植。该品种还适用于在福建、江西、湖南、湖北、安徽、浙江、江苏的长江流域稻区（武陵山区除外）及河南南部稻区的稻瘟病轻发区做一季中稻种植。

3. 新两优 6 号

品种来源：安徽荃银农业高科技研究所。

品种审定编号为国审稻 2007016。

特征特性：属籼型两系杂交水稻。株型适中，叶色浓绿，熟期转色好，每亩有效穗数 16.1 万穗，株高 118.7cm，穗长 23.2cm，每穗总粒数 169.5 粒，结实率 81.2%，千粒重 27.7 克。在长江中下游做一季中稻种植，全生育期 130.1 天，比对照Ⅱ优 838 早熟 3.0 天。

米质主要理化指标：整精米率 64.7%，长宽比 3.0，垩白粒率 38%，垩白度 4.3%，胶稠度 54mm，直链淀粉含量 16.2%。

抗病性：稻瘟病综合指数 6.6 级，穗瘟损失率最高 9 级，白叶枯病 5 级。

适宜范围：适于江西、湖南、湖北、安徽、浙江、江苏的长江流域稻区（武陵山区除外）及福建北部、河南南部稻区的稻瘟病轻发区做一季中稻种植。

4. 丰两优香一号

品种来源：合肥丰乐种业股份有限公司。

品种审定编号为国审稻 2007017。

特征特性：属籼型两系杂交水稻。株型紧凑，剑叶挺直，熟期转色好，每亩有效穗数 16.2 万穗，株高 116.9cm，穗长 23.8cm，每穗总粒数 168.6 粒，结实率 82.0%，千粒重 27.0 克。在长江中下游做一季中稻种植，全生育期 130.2 天。

米质主要理化指标：整精米率 61.9%，长宽比 3.0，垩白粒率 36%，垩白度 4.1%，胶稠度 58mm，直链淀粉含量 16.3%。

适宜范围：适于江西、湖南、湖北、安徽、浙江、江苏的长江流域稻区（武陵山区除外）及福建北部、河南南部稻区的稻瘟病、白叶枯病轻发区做一季中稻种植。

5. 深两优 5814

品种来源：国家杂交水稻工程技术研究中心、清华深圳龙岗研究所。

品种审定编号为国审稻 2009016。

特征特性：该品种属籼型两系杂交水稻。株型适中，叶片挺直，谷粒有芒，每亩有效穗数 17.2 万穗，株高 124.3cm，穗长 26.5cm，每穗总粒数 171.4 粒，结实率 84.1%，千粒重 25.7 克。在长江中下游做一季中稻种植，全生育期 136.8 天，比对照 Ⅱ 优 838 长 1.8 天。

米质主要理化指标：整精米率 65.8%，长宽比 3.0，垩白粒率 13%，垩白度 2.0%，胶稠度 74mm，直链淀粉含量 16.3%，达到国标二级优质稻谷质量标准。

抗病性：稻瘟病综合指数 3.8 级，穗瘟损失率最高 5 级，白叶枯病 5 级，褐飞虱 9 级。

适宜范围：适于江西、湖南、湖北、安徽、浙江、江苏的长江流域稻区（武陵山区除外）及福建北部、河南南部稻区做一季中稻种植。

6. 珞优 8 号

品种来源：武汉大学生命科学学院。

品种审定编号为国审稻 2007023、鄂审稻 2006005。

特征特性：株型紧凑，株高适中，茎节部分外露，茎秆韧性较好。叶色浓绿，剑叶较窄长、挺直，叶鞘无色。穗层整齐，谷粒长形，稃尖无色，部分谷粒有短顶芒。有两段灌浆现象，遇低温有包颈和麻壳，后期转色一般。

米质主要理化指标：出糙率 80.9%，整精米率 62.8%，垩白粒率 19%，垩白度 1.9%，直链淀粉含量 21.78%，胶稠度 56mm，长宽比 3.2。

抗病性鉴定为高感穗颈稻瘟病，感白叶枯病，田间稻曲病较重。

适宜范围：适于湖北省鄂西南山区以外地区做中稻种植。该品种还适于在江西、湖南、湖北、安徽、浙江、江苏的长江流域稻区（武陵山区除外）及福建北部、河南南部稻区的稻瘟病、白叶枯病轻发区做一季中稻种植。

7. 天优 8 号

品种来源：广东省农业科学院水稻研究所和广东省金稻种业有限公司。

品种审定编号为鄂审稻 2007012。

特征特性：株型适中，植株较矮，茎秆较细，但韧性好，抗倒性较强。叶色淡绿，叶片略宽，剑叶较短、挺直。穗层欠整齐，穗型较小，谷粒长形，稃尖紫色，部分谷粒有中长顶芒。分蘖力中等，生长势较旺，后期转色一般。

米质主要理化指标：出糙率 81.2%，整精米率 61.3%，垩白粒率 26%，垩白度 3.8%，直链淀粉含量 20.7%，胶稠度 51mm，长宽比 3.1，达到国标三级优质稻谷质量标准。

抗病性鉴定为中抗白叶枯病，高感穗颈稻瘟病。

适宜范围：适于湖北省鄂西南以外的地区做中稻种植。

8. Q 优 6 号

品种来源：重庆市种子公司。

品种审定编号为鄂审稻 2006008。

特征特性：株型适中，茎秆轻度弯曲，茎节外露，抗倒性较差。叶色浓绿，叶片略宽长，剑叶较宽、挺直，叶鞘紫色。穗层整齐，穗型较大，但着粒较稀，谷粒长形，稃尖紫色，少数谷粒有顶芒。

米质主要理化指标：出糙率 80.4%，整精米率 56.0%，垩白粒率 30%，垩白度 3.8%，直链淀粉含量 15.84%，胶稠度 80mm，长宽比 3.2，达到国标三级优质稻谷质量标准。

抗病性鉴定为高感穗颈稻瘟病和白叶枯病。

适宜范围：适于湖北省鄂西南山区以外的地区做中稻种植。

9. 培两优 3076

品种来源：湖北省农业科学院粮食作物研究所。

品种审定编号为鄂审稻 2006004。

特征特性：株型适中，茎秆韧性较好，部分茎节轻微外露，抗倒性较强。剑叶长挺微内卷，叶色浓绿，叶鞘紫色。穗层欠整齐，谷粒长形，稃尖紫色，少数谷粒有短芒，灌浆期间部分谷粒颖壳呈紫红色。分蘖力一般，生长势较强，成熟时叶青籽黄。

米质主要理化指标：出糙率 81.0%，整精米率 66.8%，垩白粒率 20%，垩白度 2.0%，直链淀粉含量 20.45%，胶稠度 51mm，长宽比 3.0，达到国标二级优质稻谷质量标准。

抗病性鉴定为高感穗颈稻瘟病，感白叶枯病。

适宜范围：适于湖北省鄂西南山区以外的地区做中稻种植。

10. 鄂中 5 号

品种来源：湖北省农业科学院作物育种栽培研究所、湖北省优质水稻研究开发中心。

品种审定编号为鄂审稻 2004010，商品名称：润珠 537。

特征特性：株型紧凑，分蘖力较强，田间生长势较弱，耐寒性较差。叶色淡绿，剑叶窄、长、挺。穗型较松散，穗颈节短，有包颈现象。一次枝梗较长，二次枝梗较少，枝梗基部着粒少，上部着粒较密，孕穗期遇低温有颖花退化现象。

米质主要理化指标：出糙率 78.1%，整精米率 60.0%，长宽比 3.6，垩白粒率 0.0%，垩白度 0.0%，直链淀粉含量 15.1%，胶稠度 83mm，达到国标三级优质稻谷质量标准。

抗病性鉴定为高感穗颈稻瘟病。

适宜范围：适于湖北省鄂西南山区以外的地区做中稻种植。

（三）晚稻

1. 金优 38

品种来源：黄冈市农业科学研究所。

品种审定编号为鄂审稻 2004011，商品名称：丰登 1 号。

特征特性：该品种属中迟熟籼型晚稻。株型较紧凑，茎秆粗壮，剑叶宽长、挺直，茎秆、叶鞘基部内壁紫红色。穗层整齐，穗大粒多、粒大，有轻度包颈现象。

米质主要理化指标：出糙率 82.1%，整精米率 62.6%，长宽比 3.3，垩白粒率 15%，垩白度 2.4%，直链淀粉含量 22.1%，胶稠度 62mm，达到国标二级优质稻谷质量标准。

抗病性鉴定为高感穗颈稻瘟病，中感白叶枯病。

适宜范围：适于湖北省稻瘟病无病区或轻病区做晚稻种植。

2. 鄂晚 17

品种来源：湖北省农业技术推广总站、孝感市孝南区农业局和湖北中香米业有限责任公司。

品种审定编号为鄂审稻2006012。

特征特性：属中熟偏迟粳型晚稻。株型紧凑，植株较矮，茎秆韧性好，茎节部分外露。叶色浓绿，剑叶短小、窄挺。穗层整齐，穗型较小，半直立。有效穗较多，谷粒较小，卵圆形、无芒，稃尖无色，脱粒性一般，后期熟色好。

米质主要理化指标：出糙率83.3%，整精米率67.0%，垩白粒率2%，垩白度0.2%，直链淀粉含量17.72%，胶稠度83mm，长宽比1.8，达到国标一级优质稻谷质量标准，并有香味。

抗病性鉴定为高感白叶枯病和穗颈稻瘟病，田间纹枯病较重。

适宜范围：适于湖北省稻瘟病无病区或轻病区做晚稻种植。

3. A优338

品种来源：黄冈市农业科学院。

品种审定编号为鄂审稻2009013。

特征特性：该品种属籼型晚稻。株型适中，植株较矮。茎秆粗细中等，剑叶较宽、挺直。穗层较整齐，中等穗，着粒均匀，两段灌浆明显。谷粒长形，稃尖紫色、无芒，成熟期转色较好。

米质主要理化指标：出糙率81.2%，整精米率60.6%，垩白粒率18%，垩白度2.3%，直链淀粉含量22.7%，胶稠度61mm，长宽比3.1，达到国标二级优质稻谷质量标准。

抗病性鉴定为感白叶枯病，高感稻瘟病，田间纹枯病较重。

适宜范围：适于湖北省稻瘟病无病区或轻病区做双季晚稻种植。

4. 鄂粳912

品种来源：湖北省农业科学院粮食作物研究所。

品种审定编号为鄂审稻2010015。

特征特性：该品种属中熟偏迟粳型晚稻。株型适中，分蘖力中等，生长势较旺。茎秆韧性较好，茎节外露。叶色浓绿，剑叶较短、挺直。穗层整齐，半直立穗，中等大，穗数较多，着粒较密。谷粒卵圆形，稃尖无色、无芒，脱粒性较好，成熟时转色好。

米质主要理化指标：出糙率82.5%，整精米率71.4%，垩白粒率14%，垩白度2.0%，直链淀粉含量16.2%，胶稠度82mm，长宽比2.0，达到国标二级优质稻谷质量标准。

抗病性鉴定为中感白叶枯病，高感稻瘟病。

适宜范围：适于湖北省稻瘟病无病区或轻病区做晚稻种植。

5. 鄂粳杂 3 号

品种来源：湖北省农科院作物育种栽培研究所。

品种审定编号为鄂审稻 2004017。

特征特性：株型紧凑，茎秆粗壮，叶色深，剑叶较宽较挺。穗型半直立，穗轴较硬，谷粒椭圆形，有短顶芒，脱粒性中等。

米质主要理化指标：出糙率 84.3%，整精米率 60.2%，长宽比 1.8，垩白粒率 23%，垩白度 3.3%，直链淀粉含量 17.3%，胶稠度 85mm。

抗病性鉴定为感穗颈稻瘟病，中感白叶枯病。

适宜范围：适于湖北省稻瘟病无病区或轻病区做晚稻种植。

6. 黄华占

品种来源：广东省农业科学院水稻研究所。

品种审定编号为鄂审稻 2007017。

特征特性：株型适中，植株较矮，茎秆韧性好，抗倒性较强。叶片较窄，叶姿挺直。分蘖力强，有效穗多，结实率高，但千粒重较低。谷粒细长，稃尖无色、无芒。

米质主要理化指标：出糙率 80.2%，整精米率 68.2%，垩白粒率 10%，垩白度 0.8%，直链淀粉含量 18.2%，胶稠度 70mm，长宽比 3.6，达到国标一级优质稻谷质量标准。

抗病性鉴定为中感白叶枯病，高感穗颈稻瘟病。

适宜范围：适于湖北省稻瘟病无病区或轻病区做一季晚稻种植。

二、玉米主推品种

（一）普通玉米

1. 宜单 629

品种来源：宜昌市农业科学研究所。

品种审定编号为鄂审玉 2008004。

特征特性：株型半紧凑。株高及穗位适中，根系发达，抗倒性较强。幼苗叶鞘紫色，成株中部叶片较宽大，花丝红色。果穗锥形，穗轴白色，结实性较好。

籽粒黄色，中间型。

抗病性鉴定为田间大斑病 0.8 级，小斑病 1.3 级，青枯病病株率 2.6%，锈病 0.8 级，穗粒腐病 0.3 级，丝黑穗病发病株率 0.5%，纹枯病病指 14.6。抗倒性优于华玉 4 号。

适宜范围：适于湖北省低山、丘陵、平原地区做春玉米种植。

2. 中农大 451

品种来源：中国农业大学。

品种审定编号为鄂审玉 2009001。

特征特性：株型半紧凑。生长势较强。幼苗叶鞘深紫色，成株叶片数 21 片左右。雄穗分枝数 5 个左右，花药紫色，花丝绿色。果穗筒形，穗轴红色，部分果穗顶部露尖，苞叶覆盖较差。籽粒黄色，中间型。

抗病性鉴定为田间大斑病 0.9 级，小斑病 1.5 级，茎腐病病株率 4.3%，锈病 1.8 级，穗粒腐病 1.2 级，纹枯病病指 17.2。田间倒伏（折）率低于华玉 4 号。

适宜范围：适于湖北省丘陵、平原地区做春玉米种植。

3. 蠡玉 16 号

品种来源：石家庄蠡玉科技开发有限公司。

品种审定编号为鄂审玉 2008006。

特征特性：株型半紧凑。株高及穗位适中。幼苗叶鞘紫红色，成株叶片较宽大，叶色浓绿。果穗筒形，穗轴白色。籽粒黄色，中间型。

抗病性鉴定为田间大斑病 0.6 级，小斑病 0.6 级，青枯病病株率 3.7%，锈病 0.3 级，穗粒腐病 0.5 级，纹枯病病指 15.5。抗倒性优于华玉 4 号。

适宜范围：适于湖北省低山、丘陵、平原地区做春玉米种植。

4. 登海 9 号

品种来源：山东省莱州市农业科学院。

品种审定编号为鄂审玉 2006001。

特征特性：株型半紧凑。株高和穗位适中，根系较发达，茎秆坚韧，抗倒性较强。果穗长筒形，穗轴红色，秃尖较长，部分果穗的基部有缺粒现象。籽粒黄色，中间型籽粒牙口较深，出籽率较高，千粒重较高。

抗病性鉴定为大斑病 1.7 级，小斑病 2.35 级，青枯病病株率 6.8%，纹枯病病指 29.4，倒折（伏）率 18.1%。

适宜范围：适于湖北省低山、平原、丘陵地区做春玉米种植。

5. 鄂玉 25

品种来源：十堰市农业科学院。

品种审定编号为鄂审玉 2005004、国审玉 2006048。

特征特性：株型半紧凑。株高、穗位偏高，茎秆较粗壮，生长势较强。幼苗叶鞘浅紫色。成株叶色浓绿，叶鞘密生茸毛。雄穗中等大小，花药黄色，花粉充足。雌穗穗柄较短，苞叶较短而紧实，尖端偶尔着生小叶。果穗锥形，穗轴红色。籽粒黄色，中间型，外观品质较优。

抗病性鉴定为大斑病 0.5 级，小斑病 0.8 级，青枯病病株率 4.7%，锈病严重度 5.0%，纹枯病病指 16.9。倒折（伏）率 6.0%。

适宜范围：适于湖北省二高山地区做春玉米种植。该品种还适于在湖北、湖南的山区种植，并注意防止倒伏和防治丝黑穗病。

（二）特用玉米

1. 金中玉

品种来源：王玉宝。

品种审定编号为鄂审玉 2008009。

特征特性：株型略紧凑。茎基部叶鞘绿色。雄穗绿色，花药黄色，花丝白色。果穗筒形，苞叶覆盖适中，旗叶较短，穗轴白色。籽粒黄色，较大。

适宜范围：适于湖北省平原、丘陵及低山地区种植。

2. 福甜玉 18

品种来源：武汉隆福康农业发展有限公司。

品种审定编号为鄂审玉 2009006。

特征特性：株型平展。幼苗叶鞘、叶缘绿色，成株叶片数 18 片左右。雄穗分枝数 12 个左右，颖壳、花丝绿色，花药黄色。果穗锥形，穗轴白色，苞叶适中，旗叶中等，秃尖较长，籽粒黄色。

抗病性鉴定为田间大斑病 1.8 级，小斑病 3 级，纹枯病病指 17.3，茎腐病病株率 2.0%，穗腐病 1.0 级，玉米螟 2.2 级。田间倒伏（折）率与鄂甜玉 3 号相当。

适宜范围：适于湖北省平原、丘陵及低山地区种植。

3. 华甜玉 3 号

品种来源：华中农业大学。

品种审定编号为鄂审玉 2006004。

特征特性：株型半紧凑。根系发达，茎秆粗壮，节间较短，抗倒性较强。籽粒黄白相间，皮薄渣少，口感好。

适宜范围：适于湖北省平原、丘陵及低山地区种植。

4. 彩甜糯 6 号

品种来源：湖北省荆州市恒丰种业发展中心。

品种审定编号为鄂审玉 2011012。

特征特性：株型半紧凑。幼苗叶缘绿色，叶尖紫色，成株叶片数 19 片左右。雄穗分枝数 13 个左右。苞叶适中，秃尖略长，果穗锥形，穗轴白色，籽粒紫白相间。

抗病性鉴定为田间大斑病 2.4 级，小斑病 1.3 级，纹枯病病指 15.8，茎腐病病株率 0.4%，穗腐病 1.6 级，玉米螟 2.4 级。田间倒伏（折）率 1.54%。

适宜范围：适于湖北省平原、丘陵及低山地区种植。

5. 京科糯 2000

品种来源：北京市农林科学院玉米研究中心。

品种审定编号为国审玉 2006063。

特征特性：株型半紧凑。株高 250cm，穗位高 115cm，成株叶片数 19 片。幼苗叶鞘紫色，叶片深绿色，叶缘绿色，花药绿色，颖壳粉红色。花丝粉红色，果穗长锥形，穗长 19cm，穗行数 14 行，百粒重（鲜籽粒）36.1 克，籽粒白色，穗轴白色。

适宜范围：适于四川、重庆、湖南、湖北、云南、贵州做鲜食糯玉米品种种植。茎腐病重发区慎用，注意适期早播和防止倒伏。

第二节　薯类与棉花主推品种

一、薯类主推品种

（一）马铃薯

1. 鄂马铃薯 5 号

品种来源：湖北恩施中国南方马铃薯研究中心。

品种审定编号为鄂审薯 2005001、国审薯 2008001。

特征特性：株型半扩散，植株较高，叶片较小，生长势较强。茎、叶绿色，花冠白色，开花繁茂。结薯集中，薯形扁圆，黄皮白肉，表皮光滑，芽眼浅，耐贮藏。商品薯率偏低。

抗病性鉴定为晚疫病发病率 11.09%，轻花叶病毒病发病率 0.31%，青枯病病株率为 0。

适宜范围：适于湖北省二高山和高山地区种植。该品种还适于湖北、云南、贵州、四川、重庆、陕西南部的西南马铃薯产区种植。

2. 鄂马铃薯 4 号

品种来源：湖北恩施中国南方马铃薯研究中心。

审定编号为鄂审薯 2004001。

特征特性：株型半扩散，生长势较强。茎、叶绿色，白花。结薯早且集中，薯形扁圆，黄皮黄肉，表皮光滑，芽眼浅，休眠期短，耐贮藏。

适宜范围：适于湖北省海拔 700 米以下的低山及平原地区种植。

3. 费乌瑞它（Favorita）

品种来源：费乌瑞它马铃薯由荷兰引进，为鲜食、早熟和出口的马铃薯优良品种。

特征特性：属早熟马铃薯品种，生育期 65 天左右。植株生长势强，株型直立，分枝少，株高 65cm 左右，茎带紫褐色网状花纹。叶绿色，复叶大、下垂，叶缘有轻微波状。花冠蓝紫色，较大，有浆果。块茎长椭圆形，皮淡黄色，肉鲜黄色，表皮光滑，块茎大而整齐，芽眼少而浅，结薯集中。鲜薯干物质含量 17.7%，淀粉含量 12.4%~14%，还原糖含量 0~3%，粗蛋白含量 1.55%，维生素 C 含量 136 毫克/千克，食用品质极好。该品种耐水肥，适于水浇地高水肥栽培。一般亩产 1500 千克，高产可达 3000 千克以上。块茎对光敏感，植株抗 Y 病毒和卷叶病毒，对 A 病毒和癌肿病免疫，易感晚疫病，块茎中抗病。

适宜范围：适于湖北省平原、丘陵地区种植。

4. 早大白

品种来源：本溪市马铃薯研究所选育，由湖北省农业技术推广总站、华中农业大学引进。

品种审定编号为鄂审薯 2012001。

特征特性：属早熟马铃薯品种。株型直立，繁茂性中等，分枝数少，茎基部浅紫色，茎节和节间绿色，叶缘平展，复叶较大，侧小叶 5 对，顶小叶卵形，无蕾。结薯较集中，薯块中等偏大，薯形圆形，白皮白肉，表皮光滑，芽眼较浅，休眠期中等，耐贮性一般，块茎易感晚疫病。田间晚疫病发生较重。

适宜范围：适于湖北省平原、丘陵地区种植。

5. 中薯 5 号

品种来源：中国农业科学院蔬菜花卉研究所选育，由湖北省农业技术推广总站、华中农业大学引进。

品种审定编号为鄂审薯 2012002。

特征特性：属早熟马铃薯品种。株型直立，生长势中等，茎、叶绿色，复叶中等大小，茸毛少，叶缘平展，匍匐茎中等长。单株结薯数较多，薯块中等偏小，薯形圆形，黄皮淡黄肉，表皮较光滑，芽眼较浅，常温条件下休眠期较短，耐贮性一般。田间花叶病毒病、晚疫病发生较重。

适宜范围：适于湖北省平原、丘陵地区种植。

6. 中薯 3 号

品种来源：中国农业科学院蔬菜花卉研究所选育，由湖北省农业技术推广总站和华中农业大学引进。

品种审定编号为鄂审薯 2011001。

特征特性：属早熟马铃薯品种。株型直立，生长势较强。茎、叶绿色，侧小叶 4 对，复叶大，茸毛少，叶缘波状，匍匐茎较短。结薯较集中，薯形长圆形，黄皮淡黄肉，表皮略麻皮，芽眼浅。田间植株卷叶病毒病、晚疫病发生较重。

适宜范围：适于湖北省丘陵及平原地区种植。

7. 克新 4 号

品种来源：黑龙江省农业科学院克山分院（原黑龙江省农业科学院马铃薯研究所）选育，由湖北省农业技术推广总站、华中农业大学引进。

品种审定编号为鄂审薯 2012003。

特征特性：属早熟马铃薯品种。株型直立，生长势中等，分枝较少，茎绿色、有淡紫色素，茎翼波状，宽而明显，复叶中等大小，叶色稍浅，无蕾，匍匐茎较短。薯形圆形，黄皮淡黄肉，表皮有细网纹，芽眼中等深。田间花叶病毒病、晚疫病发生较重。

适宜范围：适于湖北省平原、丘陵地区种植。

（二）甘薯类

1. 鄂薯 7 号

品种来源：湖北省农业科学院粮食作物研究所。

品种审定编号为鄂审薯 2008002。

特征特性：属中蔓型品种。种薯繁殖萌芽性较好，植株苗期生长势较弱。茎匍匐生长，绿色，基部分枝数 2.8 个，最长蔓 235cm。叶绿色，掌形，顶叶淡绿色，叶脉绿色。结薯较集中，单株结薯 3.6 个，薯块较整齐、长纺锤形，薯皮粉红色，薯肉橘黄色，大中薯率 81%，烘干率 22.64%。鲜薯水分含量 80.2%，淀粉含量 10.8%，可溶性糖含量 7.71%。对黑斑病、根腐病的抗性较好，重感薯瘟病。

适宜范围：适于湖北省甘薯薯瘟病无病区或轻病区种植。

2. 鄂薯 6 号

品种来源：湖北省农业科学院粮食作物研究所。

品种审定编号为鄂审薯 2008001。

特征特性：属长蔓型品种。种薯繁殖萌芽性较好，出苗较整齐。茎匍匐生长，褐绿色，基部分枝数 3.5 个，最长蔓 289cm。叶绿色，心脏形，顶叶淡绿色，叶脉绿色。结薯较集中，单株结薯 2.9 个，薯块较整齐、纺锤形，薯皮红色，薯肉白色，大中薯率 80%，烘干率 35.63%。鲜薯水分含量 62.2%，淀粉含量 26.6%，可溶性糖含量 3.8%。对黑斑病、根腐病的抗性较好，感软腐病。

适宜范围：适于湖北省甘薯产区种植。

3. 鄂菜薯 1 号

品种来源：湖北省农业科学院粮食作物研究所。

品种审定编号为鄂审薯 2010001。

特征特性：属叶菜类甘薯品种。一般春栽从定植到采收 45 天左右，植株生长势较强。茎匍匐生长，浅绿色，茎粗 0.3cm 左右，基部分枝数 13 个左右。茎秆及叶片光滑、无茸毛。心叶尖心形有浅缺刻，绿色，顶叶心形，淡绿色，叶柄基部、叶脉绿色。鲜茎叶蛋白质含量 3.28%，粗纤维含量 1.18%，维生素 C 含量 347.0 毫克/千克。无苦涩味，适口性较好。

适宜范围：适于湖北省平原、丘陵地区种植。

4. 福薯 18

品种来源：福建省农业科学院作物研究所。

审定编号为闽审薯 2012001，审定名称为福菜薯 18 号。

特征特性：属叶菜类甘薯新品种。株型短蔓半直立，叶心带齿形，顶叶、成叶、叶脉、叶柄和茎均为绿色。茎尖无茸毛，烫后颜色绿，微甜，有香味，无苦涩味，有滑腻感。病害鉴定结果，综合评价抗蔓割病。

室内抗病鉴定结果为中抗蔓割病、中感薯瘟病。

适宜范围：适于福建、湖北等省种植，栽培上注意适时采摘。

5. 鄂薯 8 号

品种来源：湖北省农业科学院粮食作物研究所。

品种审定编号为鄂审薯 2011003。

特征特性：属紫薯类型新品种。种薯萌芽性较好，植株生长势较强。叶片心形、绿色，叶脉淡紫色。蔓匍匐生长，绿带紫色，单株分枝数 8 个左右，最长蔓长 240cm 左右。薯块纺锤形，薯皮紫红色，薯肉紫色。鲜薯花青苷含量色价为 18.28E。无苦涩味，适口性较好。对甘薯黑斑病、软腐病抗性较好，对蔓割病抗性较差。

适宜范围：适于湖北省甘薯产区种植。

二、棉花主推品种

（一）铜杂 411F1

品种来源：湖北省种子集团有限公司、江苏省铜山区华茂棉花研究所。

品种审定编号为鄂审棉 2008006、国审棉 2009019。

特征特性：属转 Bt 基因棉花品种。植株中等高，塔形较紧凑。茎秆粗壮较硬，有稀茸毛。叶片中等大，叶裂中等，叶色绿。花药白色。铃卵圆形，有钝尖，结铃性较强，吐絮畅。

适宜范围：适于湖北省棉区种植，枯、黄萎病重病地不宜种植。

（二）EK288F1

品种来源：湖北省农业科学院经济作物研究所。

品种审定编号为鄂审棉 2008003。

特征特性：属转 Bt 基因棉花品种。植株较高大，塔形较松散，生长势较强。茎秆粗壮，有茸毛，果枝较坚硬。叶片较大，叶色绿，叶片功能期较长。花药白色。铃卵圆形，铃尖短或钝尖，结铃性较强，吐絮畅。

适宜范围：适于湖北省棉区种植，枯、黄萎病重病地不宜种植。

（三）鄂杂棉 10 号 F1

品种来源：湖北惠民种业有限公司。

品种审定编号为鄂审棉 2005003、国审棉 2005014。

特征特性：Bt 转基因抗虫棉品种。植株中等高，株型塔形，较紧凑。茎秆较坚硬，有稀茸毛。叶片掌状，中等大，叶色较深。果枝着生节位、节间适中。铃卵圆形，中等偏大，吐絮较畅。后期肥水不足易早衰。

适宜范围：适于湖北省棉区枯萎病无病地或轻病地种植。该品种还适于江苏、安徽淮河以南及浙江、江西、湖北、湖南、四川、河南南部等长江流域棉区做春棉品种种植。

（四）鄂杂棉 29F1

品种来源：荆州霞光农业科学试验站。

品种审定编号为鄂审棉 2007006。

特征特性：属转 Bt 基因棉花品种。植株中等高，塔形较松散，生长势较强。茎秆中等粗细，易弯腰，有稀茸毛。叶片较大，植株下部较荫蔽。果枝较长，结铃性较强，内围铃较多，铃卵圆形。对肥水较敏感，管理不当易贪青或早衰。

适宜范围：适于湖北省棉区种植，枯、黄萎病重病地不宜种植。

（五）鄂杂棉 11F1

品种来源：湖北惠民种业有限公司。

品种审定编号为鄂审棉 2005004。

特征特性：植株较高，株型塔形，较松散。茎秆较粗壮，有稀茸毛。果枝较长，与主茎夹角较小。叶片中等偏大，透光性好。铃有卵圆、圆形两种，有铃尖，铃较大，结铃性较强，吐絮畅。

适宜范围：适于湖北省棉区种植，枯、黄萎病重病地不宜种植。

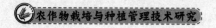

第三节　豆类与花生主推品种

一、豆类主推品种

（一）大豆

1. 鄂豆 8 号

品种来源：仙桃市国营九合垸原种场。

品种审定编号为鄂审豆 2005001。

特征特性：属南方春大豆早熟品种。株型收敛，叶椭圆形，白花，灰毛，有限结荚习性。幼苗叶缘内卷成瓢状，苗架较纤细，生长势中等偏弱。成株叶片比鄂豆 4 号略小，叶柄略上举，开花前后长势旺盛。成熟时落叶性较好，不裂荚。荚浅褐色，籽粒椭圆形，种皮黄色，脐浅褐色。

适宜范围：适于湖北省江汉平原及其以东地区做早春大豆种植。

2. 中豆 33

品种来源：中国农业科学院油料作物研究所。

品种审定编号为鄂审豆 2005003。

特征特性：属南方夏大豆早熟品种。株型收敛，呈扇形，分枝顶端明显低于主茎顶端，分枝节间较短，白花，灰毛，有限结荚习性。叶椭圆形，叶片中等偏小，叶色淡绿。成熟时落叶较好，不裂荚。荚弯镰状，浅褐色，籽粒近圆形，种皮、子叶黄色，脐浅褐色。

适宜范围：适于湖北省做夏大豆种植。

（二）鲜食大豆

1. 早冠

特征特性：早熟品种。有限生长型，株高 50~60cm，种皮绿色，荚多，荚角圆，直板，青绿色，白毛，三粒荚多。肉甜嫩，清秀美观，出苗后至鲜荚上市 55~60 天。

适宜保护地种植，上市早效益高。长江流域 1—4 月播种，亩用种量 9 千克左右。

适宜范围：适于湖北省做早熟鲜食大豆种植。

2. 95-1

特征特性：早熟品种。有限生长型，株高 50~60cm。荚多，密集，角圆，荚青绿色，直板，白毛，三粒荚多。长江流域 1—4 月播种，出苗后至鲜荚上市 55~60 天。

适宜保护地种植，上市早效益高。

适宜范围：适于湖北省做早熟鲜食大豆种植。

3. K 新早

特征特性：早熟品种。有限生长型，株高 60cm 左右，株型紧凑，结间短，荚多，圆叶紫花，白毛，鲜荚中板而鼓粒，三粒荚见多。抗寒抗病力强，前期产量高，毛豆商品价值高，出苗后至鲜荚上市 60 天左右，种皮黄色。

适宜范围：适于湖北省做早熟鲜食大豆种植。

4. 豆冠

特征特性：早中熟品种。有限结荚习性，植株高大，繁茂，株高 90cm 左右，茎秆粗壮，圆角，直板，白毛，三粒荚多，肉甜嫩，鲜食无渣，气味清香，易采摘，商品性佳，耐肥抗倒伏，抗病性强。长江流域 3—6 月播种，生长期 80 天左右，亩产 900 千克左右，亩用种 7~8 千克，种皮绿色。

适宜范围：适于湖北省做早中熟鲜食大豆种植。

5. K 新绿

特征特性：中熟品种。有限结荚习性，株高 90cm，主茎结数 18，分枝 6 个，茎秆粗壮，耐肥抗倒伏。圆叶紫花，灰白茸毛，绿色种皮，种脐黄色，两三粒荚多占 54%，荚肥粒大，生长期 80 天左右。亩产 750~900 千克，3—6 月播种，肉甜嫩，直板，白毛，易采摘。

适宜范围：适于湖北省做中熟鲜食大豆种植。

6. 开育九号

特征特性：又称"武引九号""长丰九号""鼓眼八"。该品种属有限结荚习性，株高 70~90cm，主茎节数 15 个左右，分枝节 4~6 个。株型紧凑，耐肥抗倒，叶片较肥大，光合作用强，圆叶紫花，荚鼓，角圆，荚青绿色，肉嫩，中直板，白毛，三粒荚多。种皮黄色，百粒重 22~24 克。播种期较长，长江流域 2—6 月种植，亩用种量 7.5 千克左右，出苗至上市 80 天左右。

适宜范围：适于湖北省做中熟鲜食大豆种植。

二、花生主推品种

（一）中花 8 号

品种来源：中国农业科学院油料作物研究所。

品种审定编号为国审油 2002011。

特征特性：属珍珠豆型花生品种。全生育期 125 天。株型紧凑，直立型。株高 46cm，总分枝数 7.7 个，结果枝数 6.1 个。单株荚果数 12.8 个。荚果普通型，种仁椭圆形，中粒偏大，百果重 227.4 克，百仁重 90.8 克，出仁率 75.3%。抗旱性、抗病性强，种子休眠性强。种子含油量 55.37%，蛋白质含量 25.86%。

适宜范围：适于湖北、四川、河南南部、江苏北部等地的花生非青枯病区种植。

（二）中花 16 号

品种来源：中国农业科学院油料作物研究所。

品种审定编号为鄂审油 2009001。

特征特性：属珍珠豆型品种。株型紧凑，株高中等，茎枝较粗壮。叶片椭圆形，叶色深绿，叶片较厚。连续开花，单株开花量较大。荚果斧头形、较大，网纹较深，种仁粉红色。全生育期 122.4 天。粗脂肪含量 55.54%，粗蛋白含量 24.85%。抗旱性、抗倒性强。种子休眠性强。田间较抗叶斑病和锈病。

适宜范围：适于湖北省花生非青枯病区种植。

（三）中花 6 号

品种来源：中国农业科学院油料作物研究所。

品种登记号为 ES024-2000。

特征特性：属珍珠豆型早熟中粒种。株型直立紧凑，株高中等，叶色淡绿，叶片较小，叶窄椭圆形。荚果普通型，种仁椭圆形，种皮粉红色，色泽鲜艳。种子休眠性较强。全生育期 123 天左右。

适宜范围：适于湖北省花生青枯病区种植。

（四）鄂花 6 号

品种来源：红安县农业技术推广中心站和红安县科学技术局。

品种审定编号为鄂审油 2008002。

特征特性：属珍珠豆型花生品种。植株较高，茎枝粗壮，生长势较强。叶倒卵形，叶片较大、较厚，叶色深绿。连续开花，结果集中。荚果斧头形，网纹明显，种仁粉红色。种子休眠性强。抗旱性较强，高抗青枯病。田间锈病、叶斑病发病较轻。

适宜范围：适于湖北省花生青枯病区旱坡地种植。

第三章　农作物主推栽培技术

第一节　水稻栽培技术

一、水稻集中育秧技术

（一）水稻集中育秧的主要方式

连栋温室硬盘育秧，又称智能温室育秧或大棚育秧。

中棚硬软盘育秧。

小拱棚或露地软盘育秧。

（二）技术总目标

提高播种质量（防漏播、稀播），提高秧苗素质（旱育秧、早炼苗），提高成秧率（防烂种、烂芽、烂秧死苗）。

（三）适合于机插的秧苗标准

要求营养土厚 2~2.5cm，播种均匀，出苗整齐。营养土中秧苗根系发达，盘结成毯状。

苗高 15~20cm，茎粗叶挺色绿，矮壮。秧块长 58cm，宽 28cm，叶龄 3 叶左右。

（四）水稻集中育秧技术要点

1. 选择苗床，搭好育秧棚

选择离大田较近、排灌条件好、运输方便、地势平坦的旱地做苗床，苗床与大田比例为 1：100。如采用智能温室，多层秧架育秧，苗床与大田之比可达 1：200 左右。如用稻田做苗床，年前要施有机肥和无机肥以腐熟培肥土壤。选用钢架拱形中棚较好，以宽 6~8 米、中间高 2.2~3.2 米为宜，棚内安装喷淋水装置，采用南北走向，以利采光通风，大棚东、南、西三边 20 米内不宜有建筑物和高大树木。中棚管应选用 4 分厚壁钢管，顺着中棚横梁，每隔 3 米加一根支柱，防风绳、防风网要特别加固。中棚四周留好排水沟。整耕秧田：秧田干耕干整，中间留 80cm 操作道，以利于运秧车行走，两边各横排 4~6 排秧盘，并留好厢沟。

2. 苗床土选择和培肥

育苗营养土一定要年前准备充足，早稻按亩大田 125 千克（中稻按 100 千克）左右备土（一方土约 1500 千克，约播 400 个秧盘）。选择土壤疏松肥沃，无残茬、无砾石、无杂草、无污染、无病菌的壤土，如耕作熟化的旱田土或秋耕春耙的稻田土。水分适宜时采运进库，经翻晒干爽后加入 1%~2% 的有机肥，粉碎后备用，盖籽土不培肥。播种前育苗底土每 100 千克加入优质壮秧剂 0.75 千克并拌均匀，现拌现用，黑龙江省农科院生产的葵花牌、云杜牌壮秧剂质量较好，防病效果好。盖籽土不能拌壮秧剂，营养土越冬前培肥腐熟好，忌播种前施肥。

3. 选好品种，备足秧盘

选好品种，选择优质、高产、抗倒伏性强的品种。早稻：两优 287、鄂早 18 等。中稻：丰两优香一号、广两优香 66、两优 1528 等。常规早稻每亩大田备足硬（软）盘 30 张，用种量 4 千克左右。杂交早稻每亩大田备足硬（软）盘 25 张，用种量 2.75 千克。中稻每亩大田备足硬（软）盘 22 张，杂交中稻种子 1.5 千克。

4. 浸种催芽

（1）晒种

清水选种：种子催芽前先晒种 1~2 天，可提高发芽势，用清水选种，除去秕粒，半秕粒单独浸种催芽。

（2）种子消毒

种子选用适乐时等药剂浸种，可预防恶苗病、立枯病等病害。

（3）浸种催芽

常规早稻种子一般浸种 24~36 小时，杂交早稻种子一般浸种 24 小时，杂交中稻种子一般浸种 12 小时。种子放入全自动水稻种子催芽机或催芽桶内催芽，温度调控在 35℃，一般 12 小时后可破胸，破胸后种子在油布上摊开炼芽 6~12

小时，晾干水分后待播种用。

5. 精细播种

（1）机械播种

安装好播种机后，先进行播种调试，使秧盘内底土厚度为 2~2.2cm。调节洒水量，使底土表面无积水，盘底无滴水，播种覆土后能湿透床土。调节好播种量，常规早稻每盘播干谷 150 克，杂交早稻每盘播干谷 100 克，杂交中稻每盘播干谷 75 克，若以芽谷计算，乘以 1.3 左右系数。调节覆土量，覆土厚度为 3~5mm，要求不露籽。采用电动播种设备 1 小时可播 450 盘左右（1 天约播 200 亩大田秧盘），每条生产线需工人 8~9 人操作，播好的秧盘及时运送到温室，早稻一般 3 月 18 日开始播种。

（2）人工播种

①适时播种。

3 月 20—25 日抢晴播种。

②苗床浇足底水

播种前一天，把苗床底水浇透。第二天播种时再喷灌一遍，以确保足底出苗整齐。软盘铺平、实、直、紧，四周用土封好。

③均匀播种。

先将拌有壮秧剂的底土装入软盘内，厚 2~2.5cm，喷足水分后再播种。播种量与机械播种量相同。采用分厢按盘数称重，分次重复播种，力求均匀，注意盘子四边四角。播后每平方米用 2 克敌克松兑水 1 千克喷雾消毒，再覆盖籽土，厚3~5mm，以不见芽谷为宜，为使表土湿润，双膜覆盖保湿增温。

6. 苗期管理

（1）温室育秧

①秧盘摆放。

将播种好的秧盘送入温室大棚或中棚，堆码 10~15 层盖膜，暗化 2~3 天，齐苗后送入温室秧架上或中棚秧床上育苗。

②温度控制。

早稻第 1~2 天，夜间开启加温设备，温度控制在 30~35℃，齐苗后温度控制在 20~25℃。单季稻视气温情况适当加温催芽，齐苗后不必加温，当温度超过25℃时，开窗或启用湿帘降温系统降温。

③湿度控制。

湿度控制在80%或换气扇通风降湿。湿度过低时，打开室内喷灌系统增湿。

④炼苗管理。

一定要早炼苗，防徒长，齐苗后开始通风炼苗，1叶1心后逐渐加大通风量，棚内温度控制在20~25℃为宜。盘土应保持湿润，如盘土发白、秧苗卷叶，早晨叶尖无水珠应及时喷水保湿。前期基本上不喷水，后期气温高，蒸发量大，约一天喷一遍水。

⑤预防病害。

齐苗后喷施一遍敌克松500倍液，一星期后喷施移栽灵防病促发根，移栽前打好"送嫁药"。

（2）中、小棚育秧

①保温出苗。

秧苗齐苗前覆盖好膜，高温高湿促齐苗，遇大雨要及时排水。

②通风炼苗。

1叶1心晴天开两挡通风，傍晚再盖好，1~2天后可在晴天日揭夜盖炼苗，并逐渐加大通风量；2叶1心全天通风，降温炼苗，温度控制在20~25℃为宜。阴雨天开窗炼苗，日平均温度低于12℃时不宜揭膜，雨天盖膜防雨淋。

③防病。

齐苗后喷1次移栽灵防治立枯病。

④补水。

盘土不发白不补水，以控制秧苗高度。

⑤施肥。

因秧龄短，苗床一般不追肥，脱肥秧苗可喷施1%尿素溶液。每盘用尿素1克，按1∶100兑水拌匀后于傍晚时分均匀喷施。

7. 适时移栽

由于机插苗秧龄弹性小，必须做到田等苗，不能苗等田，应适时移栽。早稻秧龄20~25天，中稻秧龄15~17天为宜，叶龄3叶左右，株高15~20cm移栽，备栽秧苗要求苗齐、均匀、无病虫害、无杂株杂草、卷起秧苗底面应长满白根，秧块盘根良好。

起秧移栽时，做到随起、随运、随栽。

（五）机插秧大田管理技术要点

1. 平整大田

用机耕船整田较好，田平草净，土壤软硬适中，机插前先沉降 1~2 天，防止泥陷苗。机插时大田只留瓜皮水，便于机械作业，由于机插秧苗秧龄弹性小，必须做到田等苗，提前把田整好。田整后，每亩可用 60%丁草胺乳油 100 毫升拌细土撒施，保持浅水层 3 天，封杀杂草。

2. 机械插秧

行距统一为 30cm，株距可在 12~20cm 内调节，相当于每亩插 1.4 万~1.8 万穴。早稻亩插 1.8 万穴，中稻亩插 1.4 万穴为宜，防栽插过稀。每蔸苗数早杂 4~5 苗，常规早稻 5~6 苗，中杂 2~3 苗，漏插率要求小于 5%，漂秧率小于 3%，深度 1cm。

3. 大田管理

（1）湿润立苗

不能水淹苗，也不能干旱，及时灌"薄皮水"。

（2）及时除草

整田时没有用除草剂封杀的田块，秧苗移栽 7~8 天活苗后，每亩用尿素 5 千克加丁草胺等小苗除草剂撒施。水不能淹没心叶，同时防治稻蓟马。

（3）分次追肥

分蘖肥做 2 次追施，第一次追肥后 7 天追第二次肥，每亩用尿素 5~8 千克。

（4）晒好田

机插苗返青期较长，返青后分蘖势强，高峰苗来势猛，可适当提前到预计穗数 70%~80%时自然断水落干搁田，反复多次轻搁至田中不陷脚，叶色落黄褪淡即可，以抑制无效分蘖并控制基部节间伸长，提高根系活力。切勿重搁，以免影响分蘖成穗。

二、水稻湿润育秧技术

水稻湿润育秧技术作为手工插秧的配套育秧方法，适宜不同地区、水稻种植季节及不同类型水稻品种育秧。该技术操作方便、应用广泛、适应性强。

（一）秧田准备

选择背风向阳、排灌方便、肥力较高、田面平整的稻田做秧田，秧田与本田的比例为 1 ：（8~10）。在播种前 10 天左右，干耕干整，耙平耙细，开沟作畦，畦长 10~12 米，畦宽 1.4~1.5 米，沟宽 0.25~0.30 米，沟深 0.15 米。畦面要达到"上糊下松，沟深面平，肥足草净，软硬适中"的要求。结合整地作畦，每亩秧田施用复合肥 20 千克，施后将泥肥混匀耙平。

（二）种子处理与浸种催芽

播种前，选择晴天晒种 2 天。采用风选或盐水选种。浸种时用强氯精、咪鲜安等进行种子消毒。浸种时间长短视气温而定，以种子吸足水分达透明状并可见腹白和胚为好，气温低时浸种 2~3 天，气温高时浸种 1~2 天。催芽用 35~40℃温水洗种预热 3~5 分钟，后把谷种装入布袋或箩筐，四周可用农膜与无病稻草封实保温，一般每隔 3~4 小时淋一次温水，谷种升温后，控制温度在 35~38℃，如果温度过高要翻堆。谷种露白后要调降温度到 25~30℃，适温催芽促根，待芽长半粒谷、根长一粒谷时即可。

播种前把种芽摊开在常温下炼芽 3~6 小时后播种。

（三）精量播种

早稻 3 月中下旬抢晴播种。早稻常规稻 30 千克/亩，杂交稻秧田播种量 20 千克/亩为宜。单季常规稻 10~12 千克/亩，杂交稻秧田播种量 7~10 千克/亩。双季晚稻常规稻播种量 20 千克/亩，杂交稻秧田播种量 10 千克/亩。播种时以芽长为谷粒的半长、根长与谷粒等长时为宜。播种要播匀，可按芽谷重量确定单位面积的播种量。播种时先播 70% 的芽谷，再播剩余的 30% 补匀。播种后进行塌谷，塌谷后喷施秧田除草剂封杀杂草。

（四）覆膜保温

南方早稻一般采用拱架盖塑料薄膜保温的方法，也可用无纺布保温，采用高40~50cm 的小拱棚，然后盖上膜，膜的四周用泥压紧，以防被大风掀开。单季稻和连作晚稻秧田搭建遮阳网，防止鸟害和暴雨对播种造成影响，出苗后撤网。

（五）秧苗管理

早稻：出苗期保持畦面湿润，畦沟无水，以增强土壤通气性。出苗后到揭膜前，原则上不灌水上畦，以促进发根。揭膜时灌浅水上畦，以后保持畦面上有浅水，若遇寒潮可灌深水护苗。早稻播种到齐苗，若低于 35℃ 一般不要揭膜。若高于 35℃，应揭开两头通风降温，齐苗到 2 叶期应开始降温炼苗，晴天上午 10

点到下午 3 点揭开两头，保持膜内在 25℃左右。早上揭膜，傍晚盖膜，进行炼苗。揭膜时每亩秧田施尿素和氯化钾各 4~6 千克做"断奶肥"，以保证秧苗生长对养分的需求，秧龄长的在移栽前还可再施尿素和氯化钾各 2~3 千克做"送嫁肥"。

单季稻和连作晚稻：播种后到 1 叶 1 心期，保持畦面无水而沟中有水，以防"高温烧芽"。1 叶 1 心到 2 叶 1 心期，仍保持沟中有水，畦面不开裂不灌水上畦，开裂则灌"跑马水"上畦。3 叶期以后灌浅水上畦，以后浅水勤灌促进分蘖，遇高温天气，可日灌夜排降温。晚稻 1 叶 1 心期追施"断奶肥"和 300ppm 浓度多效唑每亩药液 75 千克喷施 1 次，4~5 叶期施 1 次"接力肥"，移栽前 3~5 天施"送嫁肥"，每次施肥量不宜过多，以每亩尿素和氯化钾各 3~4 千克为宜。

(六) 病虫草害防治

塌谷后及时喷施秧田除草剂封杀杂草，秧苗期应及时拔除杂草。早稻注意防治立枯病、稻瘟病，单季稻和晚稻防治稻蓟马、稻纵卷叶螟、苗稻瘟等病虫危害。移栽前用螟施净 100 毫升兑水 45 千克喷施，做到带药移栽。

三、水稻抛秧栽培技术

水稻抛秧栽培技术是指利用塑料育秧盘或无盘抛秧剂等培育出根部带有营养土块的水稻秧苗，通过抛、丢等方式移栽到大田的栽培技术。根据育苗的方式，抛秧稻主要有塑料软盘育苗抛栽、纸筒育苗抛栽、"旱育保姆"无盘抛秧剂育秧抛栽和常规旱育秧手工掰块抛栽等方式。湖北省以塑料软盘育苗抛秧和无盘旱育抛秧为主。

(一) 塑料软盘育苗抛秧技术

1. 播前准备

（1）品种选择

选择秧龄弹性大、抗逆性好的品种。双季晚稻要根据早稻品种熟期合理搭配品种，一般以"早配迟""中配中""迟配早"的原则，选用稳产高产、抗性强的品种，保证安全齐穗。

（2）秧盘准备

每亩大田须备足 434 孔塑料育秧软盘 50 张。秧龄短的早熟品种可备 561 孔塑料育秧软盘 40~45 张。

（3）确定苗床

选择运秧方便、排灌良好、背风向阳、质地疏松肥沃的旱地、菜地或水田做苗床。

苗床面积按秧本田1：（25~30）的比例准备。营养土按每张秧盘1.3~1.4千克备足。

2. 播种育秧

（1）播期

一般早稻在3月下旬至4月上旬播种，晚稻迟熟品种于6月5—10日播种，中熟品种于6月15—20日播种，早熟品种于7月5—10日播种。

（2）摆盘

在苗床厢面上先浇透水，再将塑料软盘2个横摆，用木板压实，做到盘与盘衔接无缝隙，软盘与床土充分接触不留空隙，无高低。

（3）播种

将营养土撒入摆好的秧盘孔中，以秧盘孔容量的2/3为宜，再按每亩大田用种量，将催芽破胸露白的种子均匀播到每具孔中，杂交稻每孔1~2粒，常规稻每孔3~4粒，尽量降低空穴率，然后覆盖细土使孔平并用扫帚扫平，使孔与孔之间无余土，以免串根影响抛秧。盖土后用喷水壶把水淋足，不可用瓢泼浇。

（4）覆盖

早稻及部分中稻需要覆盖地膜保温。晚稻需要覆盖上秸秆防晒、防雨冲、防虫害，保证正常出苗。

（5）苗床管理

①芽期。

播后至第1叶展开前，主要保温保湿，早稻出苗前膜内最适温度为30~32℃，超过35℃时通风降温，出苗后温度保持在20~25℃，超过25℃时通风降温。晚稻在立针后及时将覆盖揭掉，以免秧苗徒长。

②2叶期。

1叶1心到2叶1心期，喷施多效唑控苗促分蘖。管水以干为主，促根深扎，叶片不卷叶不浇水。早、中稻膜内温度应在20℃左右，晴天白天可揭膜炼苗。

③3叶至移栽。

早稻膜内温度控制在20℃左右。根据苗情施好"送嫁肥"，一般在抛秧前5~7天每亩用尿素2.5千克均匀喷雾。在抛栽前1天浇1次透墒水，促新根发出，有利于抛栽，抛栽前切记不能浇水。晚稻秧龄超过 25 天的，对缺肥的秧苗可适当施"送嫁肥"，但要注意保证秧苗高度不超过 20cm。

3. 大田抛秧

（1）耕整大田

及时耕整大田，要求做到"泥融、田平、无杂草"。在抛栽前用平田杆拖平。

（2）施足基肥

要求氮、磷、钾配合施用，以每亩复合肥 40~50 千克做底肥。

（3）适时早抛

一般以秧龄在 30 天内、秧苗叶龄不超过 4 片为宜。晚稻抛栽期秧龄长（叶龄 5~6 叶）的争取早抛，尽量在 7 月底抛完。

（4）抛秧密度

早稻每亩抛足 2.5 万穴，中稻每亩抛 1.8 万穴左右，晚稻每亩抛 2 万穴左右，不宜抛秧过密过稀。

（5）抛栽质量

用手抓住秧尖向上抛 2~3 米的高度，利用重力自然入泥立苗。先按 70%秧苗在整块大田尽量抛匀，再按 3 米宽拣出一条 30cm 的工作道，然后将剩余 30%的秧苗顺着工作道向两边补缺。抛栽后及时补土匀苗。

4. 大田管理

（1）水分管理

做到"薄水立苗、浅水活蘖、适期晒田"。抛栽时和抛栽 3 天内保持田面薄水，促根立苗。抛栽 3 天后复浅水促分蘖。当每亩苗达到预期穗数的 85%~90%时，应及时排水晒田，促根控蘖。后期干干湿湿，养根保叶，切忌长期淹灌，也不宜断水过早。

（2）施肥

抛秧后 3~5 天，早施分蘖肥，每亩追尿素 10 千克。晒田后复水时，结合施氯化钾 7~8 千克。

（3）防治病虫害

主要防治稻蓟马、稻纵卷叶螟，重点防治由第四代三化螟造成的白穗。

（二）无盘旱育抛秧技术

水稻无盘旱育抛秧技术是水稻旱育秧和抛秧技术的新发展，利用无盘抛秧剂

（简称旱育保姆）拌种包衣，进行旱育抛秧的一种栽培技术。旱育保姆包衣无盘育秧具有操作简便、节省种子、节省秧盘、节省秧地、秧龄弹性大、秧苗质量好、拔秧方便、秧根带土易抛、抛后立苗快等技术优势及增产作用，一般每亩大田增产 5%～10%。尤其是对早稻因为干旱或者前期作物影响不能及时移栽，须延长秧龄及对晚稻感光型品种要求提前播种，延长生育期，确保晚稻产量显得特别重要。技术要点如下：

1. 秧田准备

应选用肥沃、含沙量少、杂草较少、交通方便的稻田或菜地做无盘抛秧的秧床秧田。一般一亩大田需秧床 30～40 平方米。整好秧厢，翻犁起厢时一并施入足够的腐熟农家肥，同时，还应施 2～2.5 千克复合肥与泥土充分混合，培肥床土。按 1.5 米开厢，起厢后耙平厢面。

2. 选准型号

无盘抛栽技术要选用抛秧型的旱育保姆，籼稻品种选用籼稻专用型，粳稻品种选用粳稻专用型。

3. 确定用量

按 350 克旱育保姆可包衣稻种 1～1.2 千克来确定用量。旱育保姆包衣稻种的出苗率高、成秧率高、分蘖多，因此须减少播种量。大田用种量杂交稻每亩 1.5 千克左右，常规稻 2～3 千克，秧大田比 1：（12～15）。

4. 浸好种子

采取"现包即种"的方法。包衣前先将精选的稻种在清水中浸泡 25 分钟，温度较低时可浸泡 12 小时，春季气温低，浸种时间长；夏天气温高，浸种时间短。

5. 包衣方法

将浸好的稻种捞出，沥至稻种不滴水即可包衣。将包衣剂倒入脸盆等圆底容器中，再将浸湿的稻种慢慢加入脸盆内进行滚动包衣，边加种边搅拌，直到包衣剂全部包裹在种子上为止。拌种时，要掌握种子水分适度。稻种过分晾干，拌不上种衣剂。稻种带有明水，种衣剂会吸水膨胀黏结成块，也拌不上或拌不匀。拌种后稍微晾干，即可播种。

6. 浇足底水

旱育秧苗床的底水要浇足浇透，使苗床 10cm 土层含水量达到饱和状态。

7. 匀播盖籽

将包好的种子及时均匀撒播于秧床，无盘抛秧播种一定要均匀，才能达到秧苗所带泥球大小相对一致，提高抛栽立苗率。播种后，要轻度镇压后覆盖 2～3cm 厚的薄层细土。

8. 化学除草

盖种后喷施旱育秧专用除草剂，如旱秧青、旱秧净等。

9. 覆盖薄膜、增温保湿

为了保证秧苗齐、匀、壮，播种后要盖膜，齐苗后逐步揭膜，揭膜时要一次性补足水分。

10. 抛秧前浇水

抛拔秧前一天的下午苗床要浇足水，一次透墒，以保证起秧时秧苗根部带着"吸湿泥球"，利于秧立苗，但不能太湿。扯秧时，应一株或两株秧苗一起拔起。

11. 旱育抛秧方法

大田田间管理及病虫害防治等同塑料软盘育苗抛秧技术。

四、水稻直播栽培技术

水稻直播栽培（简称直播稻）是指在水稻栽培过程中省去育秧和移栽作业，在本田里直接播上谷种，栽培水稻的技术。与移栽稻相比，直播稻具有减轻劳动强度，缓和季节矛盾，省工、省力、省本、省秧田、高产、高效等优点，已逐渐成为水稻生产的重要栽培方式。

直播栽培有水直播、旱直播和水稻旱种三种，其中水直播已成为目前水稻直播栽培的主要方式。水直播是在土壤经过精细整地，田平沟通，在浅水层条件下或在湿润状态下直接播种。

（一）选用优良品种

应选苗期耐寒性好、前期早生快发、分蘖力适中、株型紧凑、茎秆粗壮、抗倒力强、抗病性强、植株较矮的早熟、中熟品种。早稻可选用两优287、两优42、鄂早18等，中稻可选用广两优香66、扬两优6号、天两优616、Y两优1号、丰两优香一号、Q优6号、珞优8号等。

（二）精细整地，田平沟通

直播水稻做到早翻耕，田面平，田面泥软硬适中，厢沟、腰沟、围沟三沟相通，排灌通畅，使厢面无积水。平整厢面要在播种前一两天完成，待泥沉实后再播种。

（三）适时播种，确保全苗

一般直播水稻比移栽水稻迟播7~10天，直播早稻一般在4月上中旬，日均温度在12℃以上播种。直播早稻常规稻亩用种量5千克，杂交稻亩用种量2.5~3千克。直播中稻播期视茬口而定，一般中稻常规品种亩用种量3千克左右，杂交稻每亩用种量2千克左右为宜。直播稻浸种催芽以破胸播种较为适宜。播种方法有撒播、点播和条播，大面积的直播可用机械条播。播种采取分厢定量的办法，先稀后补，即先播70%种子，后用30%种子补缺补稀，关键要确保均匀，播后轻埋芽。点播的不少于每亩2万穴。

当秧苗3~4叶期时要及时进行田间查苗补苗，进行移密补稀，使稻株分布均匀。

（四）平衡施肥

直播水稻要以施有机肥为主，适当配施氮、磷、钾肥。施肥原则是"两重两轻一补"，即重底、穗肥，轻施断奶、促蘖肥，看苗补粒肥。基肥占施肥量的40%，追肥占60%，底肥一般每亩施农家肥2500千克、复合肥30~40千克。苗期追肥在3叶期，亩施尿素5千克、钾肥5千克。中期控制施肥，防止群体过大而引起倒伏。看苗酌施穗肥，如晒田后苗落黄较重，则每亩可施尿素2~4千克、钾肥3~5千克，落色不重可不施。穗粒肥于拔节后至齐穗期，每亩叶面喷施磷酸二氢钾150克。

（五）科学管水

管水要结合施肥、除草进行干湿管理，浅水勤灌，够苗后重晒田，促深扎根防倒伏。一般2叶1心前湿润管理促扎根，切忌明水淹苗。2叶1心后浅水促分蘖。中期适度多次搁田，可采用"陈水不干、新水不进"的方法，封行够苗后重晒田，防倒伏。抽穗灌浆期采用间歇灌溉法，成熟期干湿交替，切忌过早断水，收割前7天断水。

（六）化学除草

直播水稻前 5 天整好田、开好沟，撒施除草剂丁草胺或草甘膦，保水 4~5 天后再排水播种。播种后 1~3 天，喷雾或撒施扫茀特除草。当秧苗 3 叶 1 心时，视田间稗草密度，如需要可再选择二氯喹啉酸可湿性粉剂除稗草；如阔叶草及莎草科杂草大量发生时，加苯磺隆可湿性粉剂，结合追肥撒施，药后保水 5~7 天。

五、水稻免耕栽培技术

水稻免耕栽培技术是指在水稻种植前稻田未经任何翻耕犁耙，先使用除草剂摧枯灭除前季作物残茬或绿肥、杂草，灌水并施肥沤田，待水层自然落干或排浅水后，将秧苗抛栽或直播到大田中的一项新的栽培技术。

水稻免耕栽培田块要求：选择水源条件好、排灌方便、耕层深厚、保水保肥性能好、田面平整的田块进行。易旱田、砂质田和恶性杂草多的田块不适宜做免耕田。

（一）水旱轮作田免耕栽培

水稻水旱轮作田免耕栽培是指油菜、早熟西瓜、小麦、蔬菜等田块，收获后不用翻耕，喷施克瑞踪除草剂后，即可抛秧、插秧、直播水稻。

1. 免耕抛秧

免耕抛秧就是秧苗直接抛在未经耕耙的板田上，操作程序是：①种子用适乐时包衣、浸种，旱育秧苗；②收割油菜、小麦等前茬作物后，排干田水，喷施克瑞踪除草剂；③施土杂肥，沟内填埋秸秆，灌水泡田，施复合肥或有机氮素肥做底肥，整理田坡；④田水自然落干到适宜水深后进行抛秧或丢秧；⑤抛秧 3 天后复水，灌水时缓慢，以防止漂秧；⑥返青后按照常规施用稻田除草剂；⑦常规管理。免耕抛秧每亩抛秧穴数比翻耕多 5%~10%，秧龄比移栽稻短，叶龄不超过 3 叶，苗高以 10~15cm 为宜。

大田基肥要腐熟，防止出现烧根死苗现象。最好不用或少用碳酸氢铵。

2. 免耕插秧

免耕插秧就是在未经耕耙的田块上直接栽插秧苗。采用板田直插，应选用土质较松软的壤土、轻壤土。免耕插秧的程序是：①种子用适乐时包衣、浸种，培育壮苗；②收割油菜、小麦等前茬作物后，排干田水，喷施克瑞踪除草剂；③施土杂肥，沟内填埋秸秆，灌水泡田，施复合肥或有机氮素肥做底肥，整理田埂；④田水自然落干到适宜水深后进行插秧；⑤插秧3天后复水，灌水时应缓慢，以防止漂秧；⑥返青后按照常规施用稻田除草剂。⑦常规管理。

3. 免耕直播

免耕直播就是将稻种直接播在未经翻耕的板田上。免耕直播的操作程序是：①种子用适乐时包衣，浸种催芽；②收割油菜、小麦等前茬作物后，排干田水，喷施克瑞踪除草，要喷匀喷透；③施土杂肥，灌水泡田，施复合肥或有机氮素肥做底肥，整理田坡，整平田面；④田水基本落干后进行播种，每亩用种量杂交稻1.25千克，常规稻4.0千克；⑤播种1天后喷施或撒施扫莎特除草；⑥常规管理。

免耕直播要注意以下三点：一是不要选用漏水田和水源不足的田块；二是播种量比翻耕田稍多；三是双季晚稻不宜采用免耕直播。

4. 秸秆还田

具体做法是油菜收获后不要平沟，将油菜秸秆全部埋入沟中踩实，将高于田面的土耙在秸秆上，压住秸秆，防止上水后漂起。到了秋季，再将30%~50%的水稻秸秆埋入沟中，在沟的左侧犁出一条新沟，犁出的土顺势填入沟内，埋在秸秆上。每年如此，每年将沟往左移动一次，3~5年后可将全田埋秸秆一遍，这是提高地力的有效途径。

早晚稻连作田收后即脱粒、喷药，24小时后灌水、施肥、抛秧。

（二）冬干田免耕栽培

冬干田杂草容易防除，地块平整，适宜免耕抛秧和免耕直播，操作程序是：
①种子用适乐时包衣，浸种催芽，培育壮苗。
②喷施克瑞踪防除冬干田杂草。
③灌水泡田，整理田埂，以复合肥或有机氮素肥做底肥。
④田水自然落干到适宜水深后进行播种、抛秧、丢秧或插秧。
⑤3天后复水，灌水时应缓慢，以防止漂秧。
⑥按照常规方法，施用稻田除草剂。
⑦进行常规管理。

（三）双季晚稻免耕栽培

双季晚稻田是连作水稻田，适合免耕抛秧，土质较松软的也可免耕插秧。双季晚稻免耕要解决的关键问题是早稻稻桩产生的自生稻。技术上要掌握两点：一是齐泥割稻浅留稻桩；二是必须喷施克瑞踪杀灭稻桩。早稻收割后稻桩冒浆时尽快喷药，喷雾时雾滴要匀要粗，使药水渗入稻桩内，提高灭茬效果；灌深水淹稻桩。

双季晚稻的免耕栽培程序是：

①选择适宜品种的高质量种子，进行浸种催芽，培育壮苗。

②齐泥收割早稻，浅留稻桩。

③排干田水，喷施克瑞踪灭稻桩。

④复水，灌水泡田，施用复合肥或有机氮素肥做底肥。

⑤田水自然落干到适宜水深后进行抛秧或插秧。

⑥灌深水淹稻桩，灌水时应缓慢，以防止漂秧。

⑦返青后按照常规施用稻田除草剂。

⑧常规管理。

（四）除草剂（克瑞踪）在水稻免耕栽培中的使用要点

在水稻免耕栽培技术中，化学除草和灭茬是技术的核心环节之一。选用的灭生性除草剂要具备安全、快速、高效、低毒、残留期短、耐雨性强等优点。湖北省在水稻免耕栽培中使用克瑞踪除草剂效果较好，应用较广泛。克瑞踪在免耕栽培中使用要点如下：

①喷药水量以将杂草全部喷湿为标准。

②田间积水要尽量放干后再喷药，积水深影响除草效果。

③不要用浑浊的泥水兑药，泥水会降低克瑞踪的效果。

④喷施克瑞踪后一天就可上水。

六、水稻机械化育插秧技术

水稻机械化育插秧技术是继品种和栽培技术更新之后进一步提高水稻劳动生产率的一次技术革命。水稻机械插秧省工、省时、省秧田，与人工手插秧相比，机械插秧实现了宽行、浅栽、定穴、定苗栽插，具有返青快、分蘖早、有效穗多、抗逆性强、不易倒伏等特点。水稻插秧机不仅能减轻水稻移栽的劳动强度，节约生产成本，还能促进水稻增产，稻农增收。

（一）水稻机械化育秧

1. 育秧方式

按载体分为双膜育秧和软硬盘育秧，可以工厂化集中育秧或房前屋后、大田进行育秧，采取旱育秧、湿润育秧、淤泥育秧等方式。

2. 秧田准备

按照 1∶（80~100）的比例留足秧田。

3. 种子准备

选择当地农业部门的主推品种，每亩按 3~4 千克准备种子。种子的发芽率要求在 90% 以上，发芽势达 85% 以上。

4. 精细播种

按照秧龄 18~20 天推算播期，播种前要准备好秧床，秧盘与地面要铺平、铺实，秧盘与秧盘之间不能留有间隙，四周要用土培实。播种可以采用人工均匀播种或全自动机械播种流水线。

5. 苗期管理

根据育秧方式和茬口的不同，采取相应的增温保湿措施，确保安全齐苗。

6. 秧苗要求

苗高 80~200mm，秧苗直立，茎秆粗硬，盘根如地毯，秧苗密度均匀，秧苗成块不散，分秧时根系不纠缠。同时搞好病虫防治工作。

（二）机械插秧

1. 栽前准备

适宜机械化插秧的秧苗应根系发达、苗高适宜、茎部粗壮、叶挺色绿、均匀整齐。参考标准为：叶龄 3 叶 1 心，苗高 12~20cm，茎基宽不小于 2mm，根数 12~15 条/苗。根据不同的育秧方式采取相应起运措施，减少秧块搬动次数，保证秧块尺寸，防止枯萎，做到随起、随运、随栽。软盘秧：有条件的可随盘平放运往田头，亦可起盘后小心卷起盘内秧块，叠放于运秧车，2~3 层为宜，切勿过多而加大底层压力，避免秧块变形和折断秧苗，运至田头应随即卸下平放，让其秧苗自然舒展，利于机插。

2. 整田质量要求

田块平整，高低差不超过 30mm，土壤软硬适中。

3. 机械插秧

手扶式插秧机的作业行数一般为 4 行或 6 行，工作效率为 2~4 亩/小时。乘坐式高速插秧机的作业行数有 6 行、8 行或 12 行，一般选用 6 行，其工作效率可达 4~8 亩/小时。

4. 插秧质量要求

要求达到漏插率小于 5%，伤秧率小于 4%，均匀度合格率大于 85%，作业覆盖面达 98%。

5. 适宜推广区域

湖北省水稻产区。

6. 注意事项

首先是插秧的基准，应保持插秧直线性。插植臂工作响声大时，应停机，向插植臂盖内加机油。若插植臂停止工作，并发出异响，应迅速切断主离合器，熄灭发动机，确认故障原因，并及时排除。田间转弯时，应停止栽插部件工作，并使栽插部件提升。过沟和田埂时，插秧机应升起，直线、垂直缓慢行驶。

七、无公害水稻栽培技术

无公害水稻栽培在无超标或无超标污染源、良好的自然生态环境（主要包括温、光、水、气、土五大要素）中，生产无污染、安全卫生、营养优质稻米，其重点是抓好产地环境、优选品种、培育壮秧、合理密植、平衡施肥、科学管水、综合防治病虫害、适时收获八大环节。

（一）选择生产基地

应选择在生态条件良好、远离污染源并具有可持续生产能力的农业生产区域。

（二）优选品种

选用高产、优质、抗病虫害强、抗逆性强、生育期适中且适宜生产基地种植的品种，并使用质量合格种子。

（三）培育壮秧

1. 适时播种

播种期应根据气候条件、品种特性、前后茬口时间衔接来确定。要将水稻的抽穗-成熟期定在最佳的气候条件下，确定最佳的播种期。一般武汉地区早稻在3月中下旬到4月上旬播种，中稻在4月中下旬播种，一季晚稻可推迟到5月上旬播种，双季晚稻播种时间是迟熟品种为6月上中旬、中熟品种为6月下旬。

2. 种子播前处理

一般杂交稻大田每亩用种量1~1.25千克，常规稻每亩用种量2~2.5千克。在晒种、精选的基础上进行消毒处理，用50%强氯精可湿性粉剂1000~1500倍液浸种1天，再进行催芽，破胸温度掌握在35~38℃。

3. 采用旱育秧，降低播种量，增加秧龄弹性

一般早、晚稻秧龄25~30天，中稻秧龄30~35天。

4. 秧田管理

一是要选好秧田，科学施好基肥；二是要及时用好秧田追肥，秧田追肥，要在3叶期前施好"断奶肥"，在移栽前4~5天追1次"送嫁肥"；三是要做好控苗促蘖工作。

（四）合理密植

当秧龄指标达到移栽标准时，要适时早栽。宽行窄株，要求插得浅，行株距直，每穴栽插苗数均匀。栽插密度应根据品种类型、地理条件、土壤肥力和种植形式等综合考虑。杂交稻、大穗型品种、肥力中等偏上的田块和采用抛秧方式的栽（抛），密度偏稀，一般每亩大田栽1.2万穴左右，每穴插2粒谷秧苗；常规稻、穗数型品种、肥力中偏下的田块和采用手工栽秧方式的密度偏密，一般每亩大田栽1.5万~2.0万穴，每穴栽4~5粒谷秧苗。

（五）平衡施肥

施肥原则是以"稳促结合"为主，早稻、双季晚稻采取"前促、中控、后保"施肥法，中稻采取"攻中、稳前后"施肥法。在施肥上坚持以基肥为主，基肥与追肥结合；以有机肥为主，有机肥与无机肥结合。提倡测土配方施肥。水稻一般每亩施纯氮10~14千克，氮、磷、钾比例为2∶1∶2。基肥为总施肥量的

60%以上,有机肥占80%以上。追肥为总施肥量的35%～40%,化肥占80%以上。其中水稻前期追肥为总施肥量的20%～25%,中期追肥为总施肥量的10%～15%,后期追肥为总施肥量的5%～10%。

水稻基肥、前期、中期、后期追肥的比例为6：（2～2.5）：（1～1.5）：（0.5～1.0）。

在这个比例的基础上,早稻、双季晚稻中期追肥可少一点儿,前期多一点儿;中稻则是中期追肥可多一点儿,前期少一点儿。

(六) 科学管水

采取浅水栽(抛)秧,湿润立苗,寸水返青,薄水分蘖,适时晒田,当出间苗数达到预期穗数的80%时即开始晒田,多次轻晒。复水后浅灌、勤灌,深水孕穗,足水抽穗,干干湿湿灌浆,间歇灌溉,待田面水自然落干后再上新水,收获前3～5天断水,防止后期脱水过早,影响优质稻谷品质。晒田要坚持"苗到不等时,时到不等苗"的原则。够苗晒田,杂交稻20万～22万苗,常规稻28万～30万苗,或到了晒田的时候,双季晚稻要保证齐穗,晒到不陷脚为宜。

(七) 适期收获

当95%以上谷粒黄熟后即可收割,确保稻谷质量,避免过早过迟收获造成空秕率增高、米质降低和发芽、霉烂。收获时无公害稻谷与普通稻谷分收分晒。切忌在公路、沥青路面及粉尘污染严重的地方脱粒、晒谷。

(八) 安全贮运

贮运时要单收、单贮、单运,运输工具应清洁、干燥、防雨。仓库要消毒、除虫、灭鼠,要避光、低温、干燥和防潮贮存。严禁与有毒、有害、有腐蚀性、易发霉、发潮,有异味的物品混运混存。

第二节　玉米栽培技术

一、鲜食玉米优质高产栽培技术

随着种植业结构的调整,"鲜、嫩"农产品成为现代化都市农业发展的方向。其中,以甜糯为代表的鲜食玉米因其营养成分丰富、味道独特、商品性好,备受人们青睐，市场前景十分广阔，农民的经济效益很好。

（一）选用良种

一般要选用甜糯适宜、皮薄渣少、果穗大小均匀一致、苞叶长不露尖、结实饱满、籽粒排列整齐、综合抗性好且适宜于本地气候特点的优良品种。在选用品种时，应结合生产安排选用生育期适当的品种，如早春播种要选用早熟品种，提早上市；春播、秋播可根据上市需要，选用早、中、晚熟品种，排开播种，均衡上市；延秋播种选早熟优质品种较好。

（二）隔离种植

以鲜食为主的甜、糯特用玉米其性状多由隐性基因控制，种植时需要与其他玉米隔离，以尽量减少其他玉米花粉的干扰，否则甜玉米会变为硬质型，糖度降低，品质变劣，糯玉米的支链淀粉会减少，失去或弱化其原有特性，影响品质，降低或失去商品价值。因此生产上常采用空间隔离和时间隔离。空间隔离须在种植甜、糯玉米的田块周围 300 米以上，不要种与甜、糯玉米同期开花的普通玉米或其他类型的玉米，如有树林、山冈等天然屏障则可缩短隔离距离。时间隔离，即同一种植区内，提前或推后甜、糯玉米播种期，使其开花期与邻近地块其他玉米的开花期错开 20 天左右，甚至更长。对甜、糯玉米也应注意隔离。

（三）分期播种

鲜食玉米适宜于春秋种植。根据市场需要和气候条件，分期排开播种，对均衡鲜食玉米上市供应非常重要，特别是采用超早播种和延秋播种技术，提早上市和延迟上市，是提高鲜食玉米经济效益的一个重要措施。一般春播分期播种间隔时间稍长，秋播分期播种时间较短。

春播一般要求土温稳定在 12℃以上。为了提早上市，武汉地区在 2 月下旬播种，选用早熟品种，采用双膜保护地栽培，3 叶期移栽，5 月下旬至 6 月上中旬可收获，此时鲜食玉米上市量小，价格高。采用地膜覆盖栽培技术，武汉地区于 3 月中旬播种。露地栽培于清明前后播种。4 月下旬不宜种植。

秋播在 7 月中旬至 8 月 5 日播种。秋延迟播种于 8 月 5—10 日播种，于 11 月上市，此时甜玉米市场已趋于淡季，产品价格高，但后期易受低温影响，有一定的生产风险。

（四）精细播种

鲜食甜、糯玉米生产要求选择土壤肥沃、排灌方便的砂质土、壤土地块种植。鲜食甜、糯玉米特别是超甜玉米淀粉含量少，发芽率低，顶土力弱。为了保证甜玉米出全苗和壮苗，要精细播种。首先，要选用发芽率高的种子，播前晒种2~3天，冷水浸种24小时，以提高发芽率，提早出苗。其次，精细整地，做到土壤疏松、平整，土壤墒情均匀、良好，并在穴间行内施足基肥，一般每亩施饼肥50千克、磷肥50千克、钾肥15千克，或氮、磷、钾复合肥50~60千克，以保证种子出苗有足够的养分供应，促进壮苗早发。最后，甜玉米在播种过程中适当浅播，超甜玉米一般播深不能超过3cm，普通甜玉米一般播深不超过4cm，用疏松细土盖种。此外，春季可利用地膜覆盖加小拱棚保温育苗，秋季可用稻草或遮阴网遮阴防晒防暴雨育苗。

（五）合理密植

鲜食玉米以采摘嫩早穗为目的，生长期短，要早定苗。一般幼苗2叶期间苗，3叶期定苗。育苗移栽最佳苗龄为2叶1心。

根据甜糯玉米品种特性、自然条件、土壤肥力和施肥水平及栽培方法确定适宜的种植密度。一般甜玉米的适宜密度范围在3000~3500株，糯玉米的适宜密度范围在3500~4000株，早熟品种密度稍大，晚熟品种密度稍小。采取等行距单株条植，行距为50~65cm，株距为20~35cm。

（六）加强田间管理

鲜食甜、糯玉米幼苗长势弱，根系发育不好，苗期应在保苗全、苗齐、苗匀、苗壮上下功夫，早追肥、早中耕促早发，每亩追施尿素5~10千克。拔节期施平衡肥，每亩施尿素5~7千克。大喇叭口期重施穗肥，每亩施尿素5~20千克，并培土压根。要加强开花授粉和籽粒灌浆期的肥水管理，切不可缺水，土壤水分要保持在田间持水量的70%左右。

甜、糯玉米品种一般具有分蘖、分枝特性。为保主果穗产量的等级，应尽早除蘖打杈，在主茎长出2~3个雌穗时，最好留上部第一穗，把下面雌穗去除。操作时尽量避免损伤主茎及其叶片，以保证所留雌穗有足够的营养，提高果穗商品质量，以免影响产量和质量。

在开花授粉期采用人工授粉，减少秃顶，提高品质。

（七）适时采收

采收期对鲜食甜、糯玉米的商品品质和营养品质影响较大，不同品种、不同播种期，适宜采收期不同，只有适期采摘，甜、糯玉米才具有甜、糯、香、脆、嫩及营养丰富的特点。鲜食甜玉米应在乳熟期采收，以果穗花丝干枯变黑褐色时为采收适期；或者用授粉后天数来判断，春播的甜玉米采收期在授粉后 19~24 天，秋播的可以在授粉后 20~26 天为好。糯玉米的适宜采收期为玉米开花授粉后的 18~25 天。鲜食玉米还应注意保鲜，采收时应连苞叶一起采收，最好是随采收，随上市。

二、鲜食玉米无公害栽培技术

鲜食玉米实行无公害栽培，可生产安全、安心的产品，满足人们生活的需要，实现农民增收、农业增效，对促进鲜食玉米产业的持续、健康发展有着重要意义。

（一）选择生产基地

选择生态环境良好的生产基地。基地的空气质量、灌溉水质量和土壤质量均要达到国家有关标准。生产地块要求地势平坦，土质肥沃疏松，排灌方便，有隔离条件。空间隔离要求与其他类型玉米隔离的距离为 400 米以上。时间隔离要求在同隔离区内 2 个品种开花期要错开 30 天以上。

（二）精细整地，施足基肥

播种前，深耕 20~25cm，犁翻耙碎，精细整地。单作玉米的厢宽 120cm，套种玉米厢宽 180cm，沟宽均为 20cm，厢高 20cm，厢沟、围沟、腰沟三沟配套。结合整地，施足基肥。一般每亩施腐熟农家肥 2000 千克，或饼肥 150 千克，或复合肥 60 千克、硫化锌 0.5 千克。

（三）分期播种，合理密植

根据市场需要和气候条件，分期排开播种。武汉地区春播一般要求土温稳定在 12℃左右。如果采用塑料大棚和小拱棚育苗、地膜覆盖大田移栽方式，在 2 月上旬至 3 月上旬播种，2 叶 1 心移栽，5 月下旬至 6 月上旬可收获。大田直播地膜覆盖栽培在 3 月中旬至 4 月上旬、6 月中下旬收获。露地直播在清明前后播种，7 月上旬采收。秋播在 7 月下旬至 8 月 5 日，秋延迟可于 8 月 5—10 日播种，9 月下旬至 11 月中旬采收。

甜玉米大田直播每亩用种量 0.6~0.8 千克，糯玉米亩用种量 1.5 千克。育苗移栽，甜玉米每亩用种量 0.5~0.6 千克，糯玉米每亩用种量 1~1.2 千克。采取宽窄行种植，窄行距 40cm，株距 30cm，种植密度 3000~4000 株。

（四）田间管理

1. 查苗、补苗、定苗

出苗后要及时查苗和补苗，使补栽苗与原有苗生长整齐一致。2 叶 1 心至 3 叶 1 心定苗，去掉弱小苗，每穴留 1 株健壮苗。

2. 肥水管理

春播玉米于幼苗 4~5 叶时追施苗肥，每亩追施尿素 3 千克。7~9 叶时追施攻穗肥，在行间打洞，每亩追施 25 千克三元复合肥，并及时培土。在玉米授粉、灌浆期，每亩用磷酸二氢钾 1 千克兑水喷施叶面。秋播玉米重施苗肥，补施攻穗肥。玉米在孕穗、抽穗、开花、灌浆期间不可受旱，土壤太干燥要及时灌"跑马水"，将水渗透畦土后及时排出田间渍水。多雨天气要清沟，及时排出渍水。

3. 及时去蘖

6~8 叶期发现分蘖及时去掉。打苞一般留顶端或倒二苞，以苞尾部着生有小叶为最好，每株只留最大一苞。

（五）适时采收

鲜食玉米在籽粒发育的乳熟期，含水量70%，花丝变黑时为最佳采收期。一般普甜玉米在吐丝后 17~23 天采收，超甜玉米在吐丝后 20~28 天采收，糯玉米在吐丝后 22~28 天采收，普通玉米在吐丝后 25~30 天采收。采收时连苞叶采收，以利于上市延长保鲜期，当天采收、当天上市。

（六）运输与贮存

鲜穗收获后就地按大小分级，使用无污染的编织袋包装运输。运输工具要清洁、卫生、无污染、无杂物，临时贮存要在通风、阴凉、卫生的条件下。在运输和临时贮存过程中，要防日晒、雨淋和有毒物质污染，以防产品质量受损。不宜堆码。

三、玉米免耕栽培技术

（一）选择生产基地

选择在地势平坦、排灌方便、土层深厚、肥沃疏松、保水保肥的壤土或砂土田进行。

耕层浅薄、土壤贫瘠、石砾多、土质黏重和排水不良的地块不宜做玉米免耕田。

（二）选用优质高产良种

选用优质、高产、多抗（抗干旱、抗倒伏、抗病虫害）、根系发达、适应性广、适宜于当地种植的品种。湖北省平原地区可选用登海9号、宜单629、蠡玉16号、鄂玉25等品种。

（三）播前除草

选用高效、安全除草剂，在播种前7~10天选晴天喷施。使用除草剂要掌握"草多重喷、草少轻喷或人工除草"的原则。适合免耕栽培用的主要除草剂品种及常规用量是10%草甘膦每亩1500~2000毫升、20%克无踪每亩250~300毫升、41%农达每亩400~500克。

（四）适时播种

玉米萌发出苗要求有一定的温度、水分和空气条件，掌握适宜时机播种，满足玉米萌发对这些条件的要求，才能做到一次全苗，当地表气温达到12℃以上即可播种。春玉米一般在3月下旬至4月上旬播种。免耕栽培可采取开沟点播或开穴点播方法进行，每穴点播2~3粒种子，然后用经过堆沤腐熟的农家肥和细土盖肥盖种。

（五）合理密植

为了保证玉米免耕产量，种植密度要适宜。春玉米一般平展型品种亩植3000~3800株，紧凑型品种亩植4500株左右，半紧凑型品种每亩植3800~4500株。

单行单株种植，行距70cm，株距紧凑型品种17~20cm，半紧凑型品种22~24cm，平展型品种26~30cm。双行单株种植，大行距80cm，小行距40cm，株距紧凑型20~22cm，半紧凑型23~25cm，平展型30~34cm。

（六）科学施肥

掌握前控、中促、后补的施肥原则。施足基肥，注意氮、磷、钾肥配合施用。基肥一般每亩施农家肥2000千克或三元复合肥50千克、锌肥1千克。5~6片叶时追苗肥，每亩施尿素10千克。12~13片叶时追穗肥，每亩施尿素20

千克。

（七）田间管理

1. 查苗补苗

出苗后及时查苗补苗。补苗方法有两种：一是移苗补缺（用多余苗或预育苗移栽）；二是补种（浸种催芽后补种）。补种或补苗必须在 3 叶前完成，补苗后淋定根水，加施 1~2 次水肥。

2. 间苗定苗

3 叶时及时间苗，每穴留 2 苗。4~5 叶定苗，每穴留 1 苗。

3. 科学排灌

苗期遇旱可用水浇灌，抽雄至授粉灌浆期是需水临界期，应保持土壤持水量 70%~80%，遇旱应及时灌水抗旱，降雨过多应及时排水防涝。

（八）适时收获

收获干粒的玉米，在全田 90% 以上植株茎叶变黄，果穗苞衣枯白，籽粒变硬时可收获。鲜食甜、糯玉米适宜在乳熟期采摘。

四、玉米地膜覆盖栽培技术

玉米地膜覆盖栽培不仅具有保温保墒保肥、抑制杂草生长等优点，而且有利于早播早成熟早上市、增产增收，提高经济效益。

（一）选用地块

选择地势较平坦、土层深厚疏松、肥力较高的地块种植。

（二）整地施基肥

播种前，对地块进行深翻，粉碎较大土块并精细整平。结合整地，施足基肥。一般每亩施腐熟农家肥 1500~2000 千克、过磷酸钙 25 千克、复合肥 20~25 千克做基肥，然后深翻（深耕 30cm 左右）、整地、起畦。整平土地后按畦面宽 1.3 米（包沟）、畦高 20~25cm 作畦，整成龟背状。

（三）选用良种

选用优质、丰产、适应性广、抗倒伏、熟期适宜等综合性状好的优良品种，如登海 9 号、宜单 629、鄂玉 25、福甜玉 18 号、华甜玉 3 号、鄂甜玉 3 号等。

(四) 播栽与覆膜玉米

地膜覆盖栽培播种可比露地栽培提早 10~15 天。以日平均气温稳定超过 10℃ 为始播期，并结合当地种植制度确定适宜播种期。一般每畦播栽双行，行距 50~60cm，株距 25~30cm。

直播分为两种方式：①先播种后覆膜，根据行株距穴播，每穴播 2~3 粒，播后填平地面，然后覆盖地膜；②先覆膜后播种，播前 3~5 天覆盖地膜，按行株距用挖穴点播，每穴 2~3 粒，播后用细土封严地膜孔。播种时要深浅一致，种子播在湿土上。

育苗移栽，可在塑料大棚或小拱棚内，用塑盘或营养钵育苗，出针前膜内温度控制在 35℃ 以下，出针后膜内温度控制在 25℃ 以下，防止烧苗，移栽前 3 天通风炼苗。在 2 叶 1 心前移栽，栽前先在厢面覆膜，按种植行株距打孔移栽，再用细土将地膜孔封严。

覆膜要求地膜铺平、拉紧、紧贴地面，膜边四周用细土盖实，膜面光洁，采光面达 70% 以上，以达到保温、保肥、灭草的效果。

(五) 田间管理

1. 检查护膜

播种后经常到田间检查，发现漏覆、破损要及时重新覆好，用土封住破损处。

2. 放苗与补苗

当幼苗第一片叶展开时，及时破膜，在幼苗处的地膜开一个 5~7cm 的方形小孔放苗出膜，然后用细土封严膜孔。齐苗后，应及时查苗补缺，发现缺苗，结合间苗，带土补苗。

3. 间苗与定苗

间苗宜早，直播 3 叶期间苗，每穴留 2 苗。5~6 叶期定苗。采取去弱留强的方法，每穴留 1 苗。

4. 追肥

重点是追施穗肥，在玉米大喇叭口期，每亩追施尿素 17.5~22.0 千克，可在行间破膜追肥，施肥后将膜口用细土覆盖。在雌穗吐丝时可补施粒肥，每亩喷施 0.2% 磷酸二氢钾，连续喷施 2~3 次。

5. 抗旱排渍

遇干旱时采取沟灌，将水渗透畦土后及时排田间渍水。多雨天气要清沟，及时排出渍水。玉米抽穗扬花期对水分要求最为敏感，田间持水量应保持在 70%~80% 才能获得高产。

6. 揭膜

大喇叭口期至抽雄穗期前，把地膜揭掉。

(六) 适时采收

鲜食玉米在乳熟期，含水量为 70%，花丝变黑时为最佳采收期。普通玉米可在苞叶干枯变白、籽粒变硬的完熟期采收。

(七) 回收残膜

揭膜时和玉米收获后，要及时清除农膜，带出地外，统一处理，防止污染土壤。

第三节 马铃薯栽培技术

一、秋马铃薯栽培技术

(一) 种薯选择及催芽

1. 选用优良早熟品种

秋马铃薯主要作为菜用，应选用早熟或特早熟，生育期短，休眠期短，抗病、优质、高产、抗逆性强，适应当地栽培条件、外观商品性好的各类鲜食专用品种。适应本地秋季栽培的马铃薯品种有费乌瑞它、中薯 1 号、东农 303、中薯 3 号、早大白等，种薯应选用 40 克左右的健康小整薯，大力提倡使用脱毒种薯。

2. 精心催芽

秋马铃薯播种时，一般种薯尚未萌芽，因而必须催芽以打破其休眠，催芽的时间应选在播种前 15 天进行。要选择通风、透光和凉爽的室内场所进行催芽，催芽的方法主要是采用一层种薯一层湿润稻草（或湿沙）等覆盖的方法进行，一般摆 3~4 层，也可采用 1~2 毫克/千克赤霉素喷雾催芽。

（二）精细整地，施足底肥

1. 整地起垄

在前茬作物收获后，及时精细整地，做到土层深厚、土壤松软。按 80cm 的标准起垄，要求垄高达到 25~30cm，并开好排水沟。

2. 施足底肥

每亩施用腐熟的有机肥 2000~2500 千克、含硫复合肥（含量 45%）50 千克做底肥。

（三）适时播种

1. 播种期

根据当地的气候特点、海拔高度和耕作制度，合理地确定播种期，最佳播种期应在 8 月下旬至 9 月上旬，不得迟于 9 月 10 日。播期太迟易受早霜冻害。

2. 密度

垄宽 80cm 种双行，株距 25~30cm，每亩 5000~6000 株，肥力水平较低的地块适当加大密度，肥力水平较高的地块适当降低密度。

3. 播种方式

秋播马铃薯，既要适当浇水降温又要考虑排水防渍，为马铃薯创造土温较低的田间环境。一般宜采用起大垄浅播的方式播种，双行错窝种植。播种深度为 8~12cm。播种最好在阴天进行，若需晴天播种要避开中午的高温时段。

（四）加强田间管理

1. 保湿出苗

播种后如遇连续晴天，必须连续浇水，保持土壤湿润，直至出苗。

2. 覆盖降温

秋马铃薯生育前期一般气温比较高。出苗后迅速用麦苗或草杂肥覆盖垄面 5~8cm，可降低土壤温度使幼苗正常生长。

3. 中耕追肥

齐苗时，进行第一次中耕除草培土，每亩用清水粪加 5~8 千克尿素追肥一次。现蕾后再进行一次中耕培土。

4. 抗旱排渍

土壤干旱应适度灌水，长期阴雨注意清沟排渍。

5. 化学调控

在幼苗期喷2~3次0.2%浓度的喷施宝，封行前如出现徒长，可用15%多效唑50克兑水40千克喷施2次。

6. 叶面喷肥

块茎膨大期每亩用0.2%~0.3%磷酸二氢钾液50千克喷施叶面2~3次，间隔7天。

淀粉积累期，每亩用0.2%氯化钾溶液40千克喷施叶面。

（五）收获上市

根据生长情况和市场需求进行收挖，也可以在春节前后收获，收获过程中轻装轻放减少损伤，防止雨淋。商品薯收获后按大小分级上市。

二、秋马铃薯稻田免耕稻草全程覆盖栽培技术

（一）开沟排湿，规范整厢

中稻收割时应齐泥收割（或铲平或割平水稻禾兜），1.6米或2.4米开厢，要开好厢沟、围沟、腰沟，做到能排能灌，开沟的土放在厢面并整碎铺平。保持土壤有较好的墒情（如果割谷后田间墒情较差，可在开厢挖沟前1~2天灌"跑马水"，然后再开沟整厢）。如果田间稻桩比较高，杂草又比较多时，在播种前3~5天均匀喷雾克瑞踪杀灭杂草和稻茬。

（二）播种、盖草

秋马铃薯8月底至9月上旬播种，每亩6000株左右，采用宽窄行（50cm×30cm）种植，平均行距40cm，株距按密度确定（28~30cm）。摆种时行向与厢沟垂直（厢边一行与厢边留17~20cm），将种薯芽朝上，直接摆在土壤表面，稍微用力压一下，使种薯与土壤充分接触，以利于接触土壤水分和扎根。

施足底肥。底肥以磷、钾肥和有机肥为主，每亩用45%~48%含量的50千克复合肥、8~10千克钾肥、5千克尿素混合后，点施于两薯之间或条施于两薯中间的空隙处，使种薯与肥料间距保持5~8cm，以防间距太短引起烂薯缺苗。再用

每亩约 1000 千克腐熟有机肥或渣子粪（或火土）点施在种薯上面（将种薯盖严为好）。

种薯摆放好、底肥施好后，应及时均匀覆盖稻草，覆盖厚度 10cm 左右，并稍微压实（秋马铃薯应边播种边盖草）。一般 3 亩稻谷草盖 1 亩马铃薯，盖厚了不易出苗，而且茎基细长软弱。稻草过薄易跑光，使产量下降，绿薯率上升。如果稻草厚薄不均，会出现出苗不齐的情况。

（三）加强田间管理

1. 及时接苗

稻草覆盖栽培马铃薯出苗时部分薯苗会因稻草缠绕而出现"卡苗"的现象，要及时"接苗"。

2. 适时追肥

齐苗后每亩用尿素 5 千克化肥水点施或用稀水粪（沼气液）加入少量尿素点施。如果中期植株出现早衰现象，用 0.2%~0.3% 磷酸二氢钾溶液喷施叶面。

3. 抗旱排渍

在马铃薯生育期间特别是结薯和膨大期遇旱一定要浇水抗旱，在雨水较多时要注意清沟排渍。

4. 喷施多效唑

在马铃薯初蕾期每亩用 15% 多效唑 50 克兑水 40 千克均匀地喷雾，如果植株生长特别旺盛，应隔 7 天后再喷一次，控制地上部旺长，促进早结薯和薯块的膨大。

（四）适时收获分级上市

秋马铃薯要在霜冻来临之前及时收获，以防薯块受冻而影响品质，收获后按大小分级上市，争取好的价位。

三、冬马铃薯栽培技术

（一）种薯选择和处理

1. 选用优良品种

选用抗病、优质、丰产、抗逆性强、适应当地栽培条件、商品性好的各类专用品种。为了提早成熟一般选用早熟、特早熟品种，如费乌瑞它、东农303、中薯1号、中薯3号、中薯4号、中薯5号、郑薯6号、早大白、克新4号等。大力推广普及脱毒种薯，种薯宜选择健康无病、无破损、表皮光滑、均匀一致、贮藏良好的薯块做种。

2. 切块

播种前2~3天进行，切块的主要目的是打破种薯休眠，扩大繁殖系数，节约用种量。50克以下小种薯一般不切块，50克以上切块。切块时要纵切，将顶芽一分为二，切块应为菱形或立方块，不要切成条或片状，每个切块应含有1~2个芽眼，平均单块重40克左右。切块要用2把切刀，方便切块过程中切刀消毒，一般用含3%高锰酸钾溶液消毒也可用漂白粉兑水1：100消毒，剔除腐烂或感病种薯，防止传染病害。

3. 拌种

切块后的薯种用石膏粉或滑石粉加农用链霉素和甲基托布津（90：5：5）均匀拌种，药薯比例1.5：100，并进行摊晾，使伤口愈合，不能堆积过厚，以防止烂种。

4. 推广整薯带芽播种技术

30~50克整薯播种能避免切刀传病，还能最大限度地利用顶端优势，保存种薯中的养分、水分，增强抗旱能力，出苗整齐健壮，结薯增加，增产幅度达30%以上。

（二）精细整地，施足底肥

1. 整地

深耕耕作深度为25~30cm。整地使土壤颗粒大小合适，根据当地的栽培条件、生态环境和气候情况进行作垄，平原地区推广深沟高垄地膜覆盖栽培技术，垄距75~80cm，既方便机械化操作，又利于早春地温的提升和后期土壤水分管理。丘陵、岗地不适宜机械化操作地区，推广深沟窄垄地膜覆盖栽培技术，垄距55~60cm，更利于早春地温的提升和后期土壤水分管理。

2. 施肥

马铃薯覆膜后，地温增高，有机质分解能力强，前期能使土壤中的硝态氮和铵态氮含量提高，植株生长旺盛，消耗养分多。地膜覆盖后不易追肥，冬春地膜覆盖栽培必须一次性施足底肥。在底肥中，农家肥应占总施肥量的60%，一般要求每亩施腐熟的农家肥2500~3000千克，化肥亩施专用复合肥100千克（16-13-16或17-6-22）、尿素15千克、硫酸钾20千克。农家肥和尿素结合耕翻整地施用，与耕层充分混匀，其他化肥做种肥，播种时开沟点施，避开种薯以防烂种，适当补充微量元素。

3. 除草与土壤药剂处理

整地前每亩用百草枯200克加水喷雾除草。每亩用50%辛硫磷乳油100克兑少量水稀释后拌毒土20千克，均匀撒播地面，可防治金针虫、蝼蛄、地老虎等地下害虫。

（三）适时播种，合理密植

1. 播种时间

马铃薯播种时间的确定应考虑到出苗时已断晚霜，以免出苗时遭受晚霜的冻害，适宜的播种期为12月中下旬至翌年1月中旬。播种安排在晴天进行。

2. 播种深度

播种深度5~10cm，地温高而干燥的土壤宜深播，费乌瑞它等品种宜深播（12~15cm）。

3. 播种密度

不同的专用型品种要求不同的播种密度，一般早熟品种每亩种植5000株左右。

4. 播种方法

人工或机械播种均可，大垄双行，小垄单行，人工播种要求薯块切口朝下，芽眼朝上。播后封好垄口。

5. 喷施除草剂

播种后于盖膜前应喷施芽前除草剂，每亩用都尔或禾耐斯芽前除草剂100ml兑水50千克均匀喷于土层上。

6. 覆盖地膜

喷施除草剂后应采用地膜覆盖整个垄面，并用土将地膜两侧盖严，防止风吹开地膜降温，减少水分散失，提高除草效果。

（四）加强田间管理

1. 及时破膜

早春幼苗开始出土，在马铃薯出苗达 4~6 片叶，无霜、气温比较稳定时，在出苗处将地膜破口，引出幼苗，破口要小并用细土将苗四周的膜压紧压严。破膜过晚则容易烧苗。

2. 防止冻害

地膜马铃薯比露地早出苗 5~7 天，要防止冻害。一般早春，气温降到 -0.8℃ 时幼苗受冷害；-2℃时幼苗受冻害，部分茎叶枯死；-3℃时茎叶全部枯死。在破膜引苗时，可用细土盖住幼苗 50%，有明显的防冻作用。遇到剧烈降温，苗上覆盖稻麦草保护，温度正常后取下。

3. 化学调控

在现蕾至初花期每亩用 15% 多效唑 50 克兑水 40 千克喷施一次，如长势过旺，在 7 天后再喷一次。对地上营养生长过旺的要加大用量，以促进薯块生长。

4. 抗旱排渍

马铃薯块茎是变态肥大茎，全身布满了气孔，必须创造一个良好的土壤环境才利于块茎膨大。马铃薯结薯高峰期（开花后 20 天），每亩日增产量 100 千克以上，干旱将严重影响块茎膨大，渍水又易造成烂根死苗，或者引起块茎腐烂。所以，抗旱时要轻灌速排，最好采用喷灌。

5. 中耕培土

马铃薯进入块茎膨大期后，必须搞好中耕培土工作，尤其是费乌瑞它等易青皮品种。

在马铃薯现蕾期（气温回升后），将地膜揭掉，并迅速搞好中耕培土工作。

（五）采收

根据生长情况与市场需求及时收获，收获后按大小分级上市，争取好的价位。

第四节 棉花栽培技术

一、地膜（钵膜）棉高产栽培技术

（一）选用良种

选用中熟优质高产杂交棉品种，武汉地区宜选用鄂杂棉系列或鄂抗棉系列品种。

（二）适时播种

1. 地膜棉

①播前5~7天精细整地，达到厢平土细无杂草，沟路相通利水流。②提前粒选、晒种（2~3天），播时用多菌灵、种衣剂或稻脚青搓种。③4月上旬定距点播，每穴播健籽2~3粒。④播后每亩用都尔150毫升兑水50千克喷于土表，随即抢晴抢墒盖膜，子叶转绿破孔露苗。⑤1叶期间苗，2叶期定苗（去弱苗、留壮苗），6月20日左右揭膜。

2. 钵膜棉

①苗床选在避风向阳、地势高朗、排灌较好、无病土壤、方便管理及运钵近便的地方，苗床与大田比为1∶15。②每亩大田按8000钵备土，年前每亩苗床提前施下优质土杂肥100担，或人粪尿20担，翻土冬炕。制钵前15~20天，每亩增施尿素8千克，过磷酸钙25千克，氯化钾10千克，确保钵土营养。③中钵育苗，钵径4.5cm，高7.5cm。④3月底至4月初播种，每钵播籽2粒。播前要粒选、晒种（2~3天）、药剂搓（浸）种。播时应达到"三湿"（钵湿、种湿、盖土湿）。播后盖细土、覆盖。⑤齐苗前封膜保温，齐苗后晴天通风炼苗，1叶期间苗，并搬钵蹲苗，2叶时定苗。⑥培育壮苗，4月底或5月初3~4叶时，带肥带药（移栽前5~7天喷氮肥、喷施多菌灵）移植麦林（苗龄30天左右）。

（三）合理密植

中等地力，每亩1500~2000株，种植方式"一麦两花"或等行栽培。

（四）配方施肥

一般每亩施用纯氮肥17千克左右、五氧化二磷3~5千克、氧化钾12千克以上。地膜棉每亩底肥施用优质土杂肥 80~100 担（或饼肥 25 千克），碳铵 20 千克，过磷酸钙 20 千克，氯化钾 5 千克。6 月 20 日左右揭膜后，蕾肥每亩施饼肥 50 千克，复合肥 10 千克。壮桃肥每亩施尿素 8~10 千克。钵膜棉移植麦林时，每亩施用清水粪 30 担或复合肥 8 千克。移植苗发新叶时，每亩追尿素 4~5 千克。棉苗出林，每亩追水粪 12 担左右，碳铵 5 千克，氯化钾 5 千克。蕾肥、花铃肥和壮桃肥施用水平同地膜棉。视苗情可酌情多次喷施叶面肥。

（五）科学化调

对弱苗、僵苗和早衰苗，结合打药，可喷施 1 万倍的喷施宝或 3000 倍的 802。对肥水较足的棉田，7~8 叶时，每亩用缩节胺 1 克或 25% 的助壮素 4 毫升兑水 50 千克喷施调节。盛蕾初花期，每亩用缩节胺 1.5~2 克或 25% 的助壮素 6~8 毫升兑水 50 千克喷施调控，喷后 10~15 天，如苗旺长，每亩用缩节胺 2~2.5 克或助壮素 8~10 毫升兑水 50 千克喷施。当单株果枝达 18 层以上时，每亩用缩节胺 3~4 克或 25% 的助壮素 12~16 毫升兑水 50 千克，喷雾棉株中、上部，可抑制顶端生长，调节株型。对 10 月中旬的贪青迟熟棉，每亩宜用乙烯利 100 克兑水 40 千克喷雾催熟。

（六）抗旱排涝

根据棉花的生育要求，应遇旱及时灌水，有涝迅速排出，特别是要注重 6 月下旬前后梅雨季节的排涝防渍和入伏后的抗旱保桃管理。

（七）中耕除草

当灌水、雨后棉田板结或杂草丛生时，要适时中耕、松土、除草和培土壅根。

（八）综防病虫

要以棉花的"三病"（苗病、枯黄萎病及铃病）、"三虫"（红蜘蛛、红铃虫与棉铃虫）为主要防治对象，并兼治其他。对苗期根病，宜用多菌灵或稻脚青。叶病则用半量式波尔多液防治。枯黄萎病可选用抗病品种，药剂防治，及早拔除病株深埋，或实行水旱轮作。铃病开沟滤水，通风散湿，喷施药剂或抢摘烂桃。对"三虫"要根据虫情测报，及时施药防治。

（九）整枝打顶

现蕾后，要抹赘芽，整公枝。7 月底或 8 月初，按照标准（达到果枝总数）适时打顶。

（十）及时收花

8月中下旬棉花开始吐絮后，要抢晴及时采收，做到"三不"（不摘雨露花、不摘笑口花和不摘青桃），细收细拣，五分收花。

二、直播棉栽培技术

（一）选择优良品种

选用优质高产杂交抗虫棉或常规品种，武汉地区宜选用鄂杂棉系列或鄂抗棉系列品种。

（二）精细整地，施足底肥

播种前整地2~3次，厢宽180cm，厢沟宽30cm，深20cm，并开好腰沟和围沟，整地水平达到厢平、土碎、上虚下实，厢面呈龟背形。

结合整地：每亩施有机肥2000~2500千克、碳铵20~25千克、过磷酸钙30~40千克、氯化钾15~20千克，或45%复合肥35~40千克做底肥。

（三）适时播种

4月下旬至5月上旬播种，每亩播2000~2500穴，每穴播种2~3粒，播种深度2~3cm，覆土匀细紧密，每亩用种量500~600克。

（四）苗期管理

及时间苗、定苗，齐苗后1~2片真叶时间苗，3~4片真叶时定苗，每亩留苗2000~2500株，同时做好缺穴地补苗，确保密度。

中耕松土2~3次，深度4~6cm，达到土壤疏松、除草灭茬的目的，结合中耕松土，追施提苗肥，每亩施尿素5~7.5千克。

苗期病虫防治，主要是防治立枯病、炭疽病、蚜、地老虎、棉蓟马等病虫危害。

（五）蕾期管理

中耕2~3次，深度8~12cm，结合中耕培土2~3次，初花期封行前完成培土。

每亩用饼肥40~50千克，拌过磷酸钙15~20千克，或45%复合肥20~30千克做蕾肥，开沟深施，对缺硼的棉田喷施2~3次0.1%~0.2%硼酸溶液40千克左右。

现蕾后及时打掉叶枝，缺株断垄处保留 1~2 个叶枝，并将叶枝顶端打掉，促进其果枝发育，除叶枝的同时抹去赘芽。

蕾期主要防治枯萎病、黄萎病、棉蚜、棉盲蝽、棉铃虫等病虫危害。

（六）花铃期管理

重施花铃肥，每亩施尿素 15~20 千克、氯化钾 15~20 千克，结合最后一次中耕开沟深施，施后覆一层薄土，补施盖顶肥，8 月 15 日前，每亩施尿素 5~7.5 千克。叶面喷施 0.2%~0.3% 磷酸二氢钾溶液 2~3 次。

进入花铃期后，每隔 15 天进行化控 1 次，每亩用 2~3 克缩节胺兑水 40~50 千克喷雾，打顶后 7~10 天进行最后一次化控，每亩用 4~5 克缩节胺兑水 50 千克喷棉株上部。

当果枝数达到 20~22 层时打顶，打顶时轻打，打小顶，只摘去 1 叶 1 心。

如遇较严重的干旱，土壤含水量降到 60% 以下时，要灌水抗旱，抗旱时采取沟灌为宜，灌水时间应在上午 10 时前或下午 5 时后，如遇大雨或长期阴雨，应及时组织清沟排渍。

花铃期主要防治棉蚜、红蜘蛛、红铃虫、棉盲蝽、烟粉虱、棉铃虫等虫害。

（七）后期管理

视植株长相喷施 1% 尿素加 0.2%~0.3% 磷酸二氢钾溶液，喷施 2~3 次，每次间隔 10 天，分批打去主茎中下部老叶，剪去空枝，防止田间荫蔽。

10 月中旬温度在 20℃ 以上时，用 40% 乙烯利喷施桃龄 40 天左右的棉桃，促其成熟，药液随配随用，不能与其他农药混用。

当棉田大部分棉株有 1~2 个铃吐絮，铃壳出现翻卷变干、棉絮干燥，即可开始采收，每隔 5~7 天采摘 1 次，采摘的棉花分品种、分好次，晒干入库或上市。

第五节 甜高粱栽培技术

一、高粱丰产栽培技术

（一）播前准备

1. 轮作倒茬

高粱对土壤的适应能力较强，黏土、砂土、盐碱土、旱坡和低洼地等都可种植，但要夺取高产、稳产，土壤条件必须良好。

高粱对前作要求不严格，但以豆类、牧草、大豆、棉花、玉米和蔬菜等为良好茬口。高粱不宜连作，连作一般减产 6% ~ 22%。因高粱吸肥力较强，消耗养分多，连作后土壤较紧实板结，保水能力差，容易受旱，病虫害严重。

高粱茬地种小麦，会使小麦生育期延长，成穗数减少，千粒重下降。高粱根浸液能抑制小麦发芽和根系生长。高粱茬以种大麦或豌豆为好。

2. 土壤耕作

种植高粱的地须伏耕或秋耕，耕深 25cm 左右。伏耕晒垡，结合翻地施入有机肥。秋末冬初进行冬灌，精细平整；若须补施化肥做基肥，待土地平整后用机具深施 8 ~ 10cm。晚秋作物茬地可先灌水后秋翻。播种前整地保墒。

3. 播前灌溉

未冬灌的地应做好春灌工作。壤土和黏土灌水量为 $1200 ~ 1350m^3/hm^2$，盐碱地 $1500m^3/hm^2$ 左右。要灌足、灌透、灌匀，保证质量。

4. 施足基肥

高粱是高产作物，每生产 100kg 籽粒，需氮 2 ~ 4kg，五氧化二磷（P_2O_5）1.5 ~ 2.0kg，氧化钾（K_2O）3 ~ 4kg。在一定范围内，施基肥量增加，产量相应增加，但若基肥超过适宜数量，增产率即下降。除有机肥外，须施用一定数量氮、磷化肥做基肥，一般占到化肥总量的 60% 左右，如化肥力差的沙性土壤应占 50% 左右。土壤含磷较少，施磷肥能大幅提高产量。

（二）播种

1. 选种及种子处理

高粱杂交种增产显著，各地区应因地制宜大力推广。选用优良品种，应保证良种的质量标准，播前应做好种子清选工作，选用大粒种子。播前将种子晾晒 3 ~ 5 天，以提高发芽率和出苗率。为防止高粱黑穗病等，应做好药剂拌种。

2. 播种

（1）播种时期

适宜播种期是在地表 5cm 地温稳定在 12℃ 以上。适宜播期为 4 月下旬至 5 月上旬，地膜覆盖栽培可适当提前 5 天左右。播种过早，地温低，容易"粉种"或霉烂，特别是白粒种；播种过晚，产量减少，有些地区籽粒不能充分成熟，易遭霜害。

（2）提高播种质量

高粱播量为 15~22.5kg/hm²，地膜覆盖栽培为 12~15kg/hm²。高粱根茎短，顶土能力弱。播种深度应视品种、土质、墒情等情况而定，一般为 3~5cm。合理密植受品种特性、土壤肥力和栽培管理水平等因素影响，应灵活掌握，一般株型紧凑、叶片较窄短、中矮秆的早熟品种适于密植，而叶片着生角度和叶片面积较大，对水肥要求高的高秆晚熟品种宜稀植；土壤肥沃、水肥充足宜密，土壤瘠薄、施肥水平低宜稀。一般适宜密度 8 万~12 万株/hm²，常规品种 7.5~9 万株/hm²，高秆甜高粱、帚用高粱为 6.5 万~7.5 万株/hm²。一般采用机械条播，有宽窄行（60cm+30cm）播种和等行距（60cm 或 45cm）播种两种方式，种肥应以氮肥为主，氮、磷结合，如用磷酸二铵，施用量为 30~45kg/hm²，若能施入 120~150kg/hm² 腐熟的羊粪或油渣，则效果更好。

（三）田间管理

1. 苗期管理

从出苗至拔节前为幼苗期，一般为 40~50 天。苗期是生根、长叶和分化茎节的阶段，是形成营养器官、积累有机物质的营养生长时期。此期要求根系发达，叶片宽厚，叶色深绿，茎基部扁宽。

植株现行后应及时检查苗情，如发现有断行漏播现象，应及时补种。

高粱出苗前后如遇下雨，会造成地面板结，应及时用轻型钉齿耙耙地，以疏松表土，提高地温，减少水分蒸发，促使出苗和生长。

3 片叶时间苗，4~5 片叶时定苗。间苗后于 3~4 片叶时进行第一次中耕，5~6 片叶时进行第二次中耕。

高粱苗期需水较少，耐旱能力较强，应采用蹲苗的方法，控制茎叶生长，促进根系生长，培育壮苗。蹲苗时应加强中耕或使其地下茎节局部暴露进行晒根。蹲苗时间一般为 45 天左右，应在拔节前结束。

对弱苗、晚发苗、补栽苗应酌情施氮肥，促其快长。土壤肥沃、施基肥和种肥充足的地一般不施苗肥。

高粱苗期主要虫害有地老虎、蝼蛄和蚜虫等，应及时防治。

2. 拔节至抽穗期管理

一般春播中晚熟品种拔节至抽穗历时 30 天左右。这个阶段根、茎、叶营养器官旺盛生长，幼穗急剧分化形成，是营养生长和生殖生长并进阶段，是高粱一生中生长最旺盛、发育最快、需肥水最多的关键时期，是决定穗大、粒多的时期。此期的管理要达到秆壮茎粗节短，叶宽色浓，叶挺有力，根系发达，穗大、粒多。主要的田间管理措施有以下五种：

（1）重施拔节肥，轻施孕穗肥

高粱不同生育时期对 N、P、K 元素的吸收量和速度是各不相同的。苗期吸收的 N 占全生育期总量的 12.4%，P 为 6.5%，K 为 7.5%，拔节至抽穗开花，吸收的 N 占全生育期总量的 62.5%，P 为 52.9%，K 为 65.4%。开花至成熟，吸收的 N 占全生育期总量的 25.1%，P 为 40.6%，K 为 27.1%，高粱对 N、P、K 的大量吸收在拔节以后。高粱追肥的最大效应时期首先是在拔节期（穗分化始期），其次是孕穗期。一般在第一次灌水前结合开沟培土重施拔节肥，施肥量约占追肥总量的 2/3，主要起到增花、增粒的作用。第二次轻施孕穗肥，其作用是保花、增粒，延长叶片寿命，防止植株早衰。

拔节期体内硝态氮含量与产量呈正相关，硝态氮含量为 900~1300mg/kg，且无机磷在 60mg/kg 以上的，单产可超过 7.5tv/hm^2。若拔节前植株地上部全氮量低于 1.5%，氮、钾比例大于 1:2.5，应追施氮肥。

（2）灌水

高粱在整个生育过程中，总的需水趋势是"两头少、中间多"。高粱在拔节至抽穗期间，对水分要求迫切，日耗水量最大，此时干旱，会使营养器官生长不良，而且严重影响结实器官的分化形成，造成穗小粒少。

（3）中耕培土

拔节至抽穗期，气温升高，土壤板结，失水严重，应中耕松土，保蓄水分、消灭杂草，为根系生长创造条件。对徒长的高粱，拔节后应通过深中耕切断其部分根系，抑制地上部生长，促进新根发生，扩大对水分的吸收面，使之壮秆并形成大穗，提高经济产量。拔节后结合中耕开沟培土，促进节根发生，防止倒伏。

（4）喷施矮壮素

高粱拔节前，若生长过旺，可喷施矮壮素，促进茎秆粗壮，防止倒伏，增加根重，延长叶片功能期，促进成熟，提高产量。

（5）防治病虫害

拔节至孕穗期蚜虫往往连续危害。当田间有 10% 的植株有蚜虫时，应立即防治。

3. 开花至结实期管理

高粱开花至成熟期，生长中心转移到籽粒成熟过程，是决定粒重的关键时期。要注意养根护叶，防止植株早衰或贪青，力争粒大饱满，早熟高产。

在开花期和灌浆期，当土壤水分低于田间持水量70%时，应及时灌水，灌量为 $750 \sim 900 \text{m}^3/\text{hm}^2$。

抽穗后植株若有脱肥现象，可用磷酸二氢钾溶液等进行叶面喷施，以促进成熟、增加粒重。

多数杂交高粱成熟时，叶片往往保持绿色，对贪青晚熟的植株，在蜡熟中、后期应打去底叶，保持植株通风透光，促进早熟，但打去底叶的数量不宜过多，以植株保持 5~6 片绿叶为宜。

田间若发现黑穗病，应及时拔除病株，随即埋掉。

（四）收获与贮藏

蜡熟末期，籽粒干物质积累量达最高值，水分含量在20%左右，穗下部背阴面籽粒呈蜡质状，应立即收获。

收获后的高粱穗，一般不宜马上脱粒，应充分晾干后熟，否则不易脱净，工效低，破碎率高，品质降低，影响产量。

高粱籽粒的安全贮藏水分含量在北方为13%，在南方为12%左右。贮藏期间要按贮粮规程定时检查贮粮水分、温度变化，并及时通风，以防霉烂变质。

二、饲用型甜高粱栽培技术

（一）选地与整地

甜高粱根系非常发达，耐旱、耐盐碱、耐瘠薄，适应性强，对土壤要求不高。但由于甜高粱籽粒较小，顶土能力弱，整地要精耕细耙。播种时墒情要好，以利于出苗。

（二）施底肥

播种前施足底肥，每公顷施农家肥 60 000kg 左右，化肥纯 N 105~135kg（尿素 225~300kg），P_2O_3 90~120kg（普通过磷酸钙 600~750kg）。

（三）播种期

甜高粱播种期基本与玉米相近，4月中下旬播种较为适宜。播种过早幼苗易遭晚霜冻害，过晚影响产量。

（四）播种

不论是覆膜栽培还是露地平作，均采用单行人工穴播机或点播器精量播种。每穴 2~3 粒种子，播种深度 2.5~3cm，播量 7.5~12kg/hm² （1.5 万~2.5 万粒）。

（五）种植模式

饲用型甜高粱适应性广，抗旱、耐盐碱、耐瘠薄，栽培方式依据当地自然条件和生产水平，可采用以下三种模式：

1. 全膜双垄沟灌栽培

选用幅宽 120cm、厚度 0.008mm 的地膜，大垄宽 80cm，小垄宽 40cm，垄高 10cm，穴距 15cm，每公顷穴数 11.1 万穴左右。

2. 全膜平作栽培

选用幅宽 140cm、厚度 0.008mm 的地膜，采用 40cm 等行距种植，每幅地膜种植 4 行，穴距 22cm，每公顷穴数 11.25 穴左右。

3. 露地平作栽培

采用 50cm 等行距种植，穴距 18cm，每亩穴数 11.1 万穴左右。

（六）田间管理

1. 破板结

甜高粱播后出苗前如遇降水形成板结，不利于幼苗出土，应及时破除板结。

2. 间苗、定苗、除蘖

早间苗可以避免幼苗互相争夺养分与水分，减少地力消耗，有利于培养壮苗。甜高粱间苗在 2~3 叶时期进行，拔除弱苗，保留壮苗，4~5 叶期定苗。甜高粱分蘖能力强，分蘖过多影响主茎生长，在苗期至拔节期应多次扳除分蘖。

3. 除草、培土

全膜覆盖种植后有少量杂草长出而顶起地膜，应及时人工拔除；露底栽培甜高粱幼苗期生长势弱，又是杂草出苗季节，应通过中耕松土进行除草。同时，结合中耕进行培土。4~6 叶期结合定苗进行第一次培土；当植株长到 70cm 高时结合追肥进行大培土，主要培土植株茎基部。

4. 灌水

甜高粱耐旱性强，但为了获得高产，须依当地气候条件和植株发育阶段适时灌水。苗期一般无须灌溉，拔节以后，应根据降水情况和植株长势浇水 3~4 次。

5. 追肥

在拔节期根据田间长势，追施 1~2 次肥料，每公顷每次施纯 N 72~105kg（尿素 150~225kg）。

三、黏性土壤甜高粱栽培技术

（一）播前准备

1. 深耕细作

前茬作物收获后，及时灭茬深耕，耕翻深度 30~35cm。整地时用旋耕机对地块分别沿纵、横两个方向疏松土壤两次，耙耱整平，使 0~20cm 土层无坷垃、无草根，做到细、平、净、绵，为播种出苗创造良好条件。如果土壤墒情较差，须用镇压器镇压，使播种时种子与土壤能紧密结合，减少土壤大孔隙，防止透风跑墒，利于发芽出苗。顶凌覆膜地块在翌年早春土壤解冻后，及早平整耙耱耕作层土壤，施肥覆膜。结合整地施足底肥，每公顷施农家肥 60 000kg，每公顷施磷酸二铵 450kg、尿素 225kg、硫酸钾 225kg、锌肥 15kg。

2. 土壤处理

草害是影响甜高粱正常出苗和生长的重要因素。人工除草用工量大、周期长、效果差，使用除草剂是有效防除田间杂草的首选措施。覆膜前用 38%莠去津悬浮剂进行土壤处理，每公顷用药量 2.85kg，兑水 450kg 地面喷雾。

3. 覆膜保墒

由于冬春季刮风天气较多，春季气温回升快，土壤失墒严重，宜在上年 10 月上旬至 11 月中旬土壤封冻前进行秋覆膜，能够有效减少冬春季节土壤水分的无效蒸发，最大限度地保蓄土壤水分，做到秋雨春用，提高土壤墒情。尚未进行秋覆膜的地块，应在早春进行顶凌覆膜或播种前当天整地当天覆膜，减少早春土壤水分蒸发。同时早覆膜可提高土壤温度，为甜高粱按期播种和保全苗奠定良好的基础。

（二）种植模式

1. 全膜垄作沟灌栽培

选用幅宽 120cm、厚度 0.01mm 的地膜，大垄宽 80cm，小垄宽 40cm，垄高 10~15cm。膜与膜在大垄中间接膜。

2. 全膜平作栽培

选用幅宽 120~140cm、厚度 0.01mm 的地膜，下一幅与前一幅膜要紧靠对接，不留空隙，不重叠。

（三）播种

1. 适时播种

土壤表层 10cm 处温度稳定在 15℃ 左右时为最佳播期。如果播种过早，由于土壤低温高湿，种子吸水后不能萌发，易发生粉种现象，造成缺苗；播种过迟，生育期缩短，产量降低。应在 4 月中下旬播种。

2. 精量点播

使用甜高粱专用穴播机播种，播种方便，穴距均匀，播种深度一致。穴播量 2~3 粒种子，每公顷播量 12~15kg。

3. 播种密度

（1）醇用型

全膜垄作沟灌栽培垄侧播种，穴距 15cm，每公顷穴数 11.1 万穴左右。

全膜平作栽培采用 40cm 等行距种植，1.4m 膜每幅地膜种植 4 行，1.2m 膜每幅地膜种植 3 行，穴距 22cm，每公顷穴数 11.25 万穴左右。

（2）饲用型

全膜垄作沟灌栽培垄侧播种，穴距 12cm，每公顷穴数 13.5 万穴左右。

全膜平作栽培采用 40cm 等行距种植，1.4m 膜每幅膜种植 4 行，1.2m 膜每幅膜种植 3 行，穴距 18cm，每公顷穴数 13.5 万穴左右。

4. 适墒播种

甜高粱适宜播种的最低土壤含水量为壤土 12%~13%，黏质土 14%~15%，沙质土 10%~11%。播种时如果墒情不好，0~10cm 土壤含水量低于 10% 时，最好采用"干播湿出"法，即先播种随后浇水，这种方式尤其适宜于土壤质地为沙质土的地块。

5. 播种深度

甜高粱播种深度较玉米浅，一般控制在 3~4cm。在具体应用中，要结合土壤墒情灵活掌握。当 0~10cm 土壤含水量超过 15% 时，播种深度 3cm 左右；当 0~10cm 土壤含水量低于 12% 而底墒较好时，播种深度可适当加深。

6. 覆土镇压

若 0~10cm 土壤含水量超过 20% 时，机械播种后播种孔形成"洞穴"无土覆盖，造成种子外露，应人工用细土封严播种穴。若土壤墒情不足，0~10cm 土壤含水量低于 15% 时，播后须进行镇压，使种子与土壤紧接，提墒保墒。特别对于干旱多风的砂质土型地区，播后镇压尤其重要。

(四) 田间管理

1. 及时放苗

出苗后应尽早放出压在膜下的幼苗，放苗口不宜开得过大，并用细土封严播种孔，减少土壤水分蒸发和热量散失，同时使膜下形成高温高湿的小环境，既有利于幼苗健壮生长，又能起到闷杀膜下杂草的作用。

2. 间苗、定苗、除蘖

（1）醇用甜高粱

醇用甜高粱在 2~3 叶时期进行间苗，4~5 叶期定苗，每穴留 1 株。甜高粱具有分蘖的习性，分蘖过多消耗大量的养分，影响醇用甜高粱主茎生长和糖分积累，应在苗期—拔节期多次掰除分蘖，促进主茎生长。

（2）饲用甜高粱

饲用甜高粱在栽培管理中无须间苗、定苗，并保留植株分蘖。

3. 除草

对没有进行土壤药剂处理的地块或处理后尚未杀死的杂草，须人工拔除。一是对播种孔长出的杂草，要除早，除小，除彻底；对膜下杂草数量大、生长势强顶起地膜时，揭开一段地膜，拔除杂草后重新拉紧地膜并用土封严揭膜口；膜下杂草较少时，可在膜上覆盖 1~2cm 的一层细土，起到闷杀杂草的作用。

4. 水肥管理

植株生长开始进入拔节期，结合浇水每公顷追施尿素（N 46%）150kg 左右。当株高达到 1.5m 左右时，结合浇水追施第二次肥料，每公顷追施尿素（N 46%）150~225kg。全生育期浇水 4~5 次，每次灌水量 1200m³ 左右。

5. 防倒伏

甜高粱茎秆充实坚韧，机械组织发达，抗倒伏能力强。但由于植株较高，生长后期浇水时要避开大风天气，防止倒伏而影响产量和饲草品质。

（五）收获

1. 醇用甜高粱

醇用甜高粱在 9 月下旬至 10 月上旬早霜来临之前，根据用途适时收获。

2. 饲用甜高粱

（1）青绿饲料

饲用甜高粱若用作青绿饲料直接饲喂，宜两次收割，头茬在 7 月中旬或下旬株高 150cm 左右时收割，二茬在 9 月下旬至 10 月上旬早霜来临之前收获。两茬收割时，头茬收割后 1~3 天内及时施肥、浇水，每公顷追施尿素（N 46%）75kg。

（2）青贮饲料

饲用甜高粱若用作青贮饲料，宜一次收割，收获时间在 9 月下旬至 10 月上旬早霜来临前，此时茎秆含糖量和植株营养积累达到最大值，采用联合收割机收获，收割、切碎、打捆一次完成。单茬收割时，若人工收获，须在收割后 5 天内及时青贮，以免糖分流失。

第四章　农作物的高产种植技术

第一节　小麦高产种植技术

一、小麦超高产栽培技术

（一）超高产的品种选择

因气候条件和栽培技术的限制，很多小麦品种的产量潜力远未被发掘出来，高产与大面积产量存在较大差距。

小麦要达到超高产水平，首先取决于品种的生产潜力，这是小麦生产的内因。适合黄淮冬麦区的高产、超高产品种是多穗型品种。就产量三因素而言，穗数、穗粒数和千粒重对产量的直接通径系数均达到显著水平，对产量的贡献依次为穗数>千粒重>穗粒数。要达到超高产小麦的品种，必须具备较强的自身三要素高水平的相互协调，能够在保证足够穗数前提下，有较多的穗粒数和较高千粒重。

在选择小麦品种时，多是从小麦品种的株型着眼。小麦的株型即小麦植株地上部的形态特征，是小麦生长发育的综合表现。小麦的株型直接决定着田间小气候状况，从而影响小麦的光合作用、呼吸作用、抗倒特征和源、库、流的关系。良好的株型可以提高小麦的光能利用率，利于同化物质的运转和分配，也可在一定程度上减轻病虫害。超高产小麦合理株型有以下六个特点：①超高产品种的株高80~90厘米；②分蘖力中等，成穗率高；③叶片斜立或略披垂，叶形较窄，倒一叶长20厘米左右，倒二叶长25厘米左右，倒一叶基角50°左右，倒二叶基角40°左右；④基部茎节间略短于一般品种，茎壁较厚，上部倒一节间较长，茎秆弹性好；⑤穗长不小于10厘米，结实小穗18~20个，小穗密度较低，灌浆速度快，籽粒大而整齐；⑥株型不能过分紧凑，植株不能太矮，叶片不可太直立，否则容易造成早衰，落黄不好，影响籽粒产量。

因植株的形态与其内在的光合生理、营养生理、根系吸收养分机制，特别是物质运转能力并不完全吻合。因此，还要通过田间试种和仪器测定才能确定一个品种的主要特性优劣，进而才能确定是否有较大生产潜力。

选择超高产品种还必须十分注意品种的抗逆性，才能达到高产、稳产。在黄淮海平原，要特别注意小麦抗倒春寒的能力。

（二）小麦超高产栽培的指导思想及技术

小麦超高产栽培的主攻目标是实现高水平的产量三因素相互协调。要在实现植株田间均匀分布基础上，保证群体高效叶面积指数（LAI）前提下，适当缩小单茎上 3 叶面积，获取较多穗数，建成小株型大密度群体结构，实现源、流、库的高水平运转。超高产小麦的高产三因素要达到每公顷穗数 675 万～795 万（每亩 45 万～53 万）、穗粒数 36 左右、千粒重 45～49 克。

为实现这一目标，必须培育高肥力的地力基础，充分重视有机肥料，切实搞好整地播种，形成高质量的前期群体。认真实施"前氮后移"，着力加强生育中后期肥水运筹，保持植株生育后期较强的吸肥吸水能力，延缓上部叶片衰老，尽可能提高抽穗后的干物质积累量，在成熟中后期，茎鞘干物质能够有明显的再积累现象。同时，要特别注意加强病虫害综合防治，生育期全程保健，达到病虫零危害，把非正常消耗降低到最低程度。其主要技术有以下六点：

1. 培育高肥力的地力基础

回顾小麦产量上升的过程，中产—高产—超高产，每一个阶段实现产量的突破，都是当时相对基础肥力较高的地块。作物当季吸收的养分主要来源于土壤自身贮存的养分，地力基础越高，作物当季从土壤中吸收养分所占比例越高。各地研究一致证明，高产小麦当季从土壤中吸收的养分占干物质营养元素总量的 80%以上，而一般中低产田小麦当季从土壤中吸收营养元素仅占 60%左右。想在基础肥力很低的地块进一步实现高产、超高产的目标是不太可能的。要实现超高产，必须选择肥力水平高的地块。培育高肥力的土壤是实现超高产必不可少的条件。

2. 高度重视施用有机肥料

有机肥料主要包括牛、猪、羊、鸡粪和沼气肥等。有机肥料对培肥地力和作物产量的提高是公认的。但目前由于有机肥源的减少，大面积麦田已很少施用有机肥。然而，近几年各地的高产、超高产麦田，一个共同特点几乎都是在玉米秸秆还田的同时，施用了种类不同、数量不等的优质有机肥料，新鲜牛、猪粪用量15 000~75 000 千克/公顷（1000~5000 千克/亩），或干鸡粪 3000 千克/公顷（200 千克/亩）以上。综合各地小麦超高产经验，必须尽可能多地施有机肥料，应保证每亩用优质牛、猪粪 3000 千克以上。

3. 合理施用化肥

（1）科学运筹氮肥

随着产量水平的提高，小麦抽穗后新同化物质的光合产物也在产量物质中所占比例逐步提高。采取相应栽培措施尽可能增加抽穗后干物质累积量，是实现超高产的主要途径。为此，必须提高抽穗前（拔节—孕穗）氮素的充足供应，以增加营养器官吸收氮素并把贮存的氮素不断向籽粒中运转，从而有利于提高顶部3 叶，尤其是旗叶的氮素同化能力，增加旗叶硝酸还原酶和谷氨酰胺合成酶（GS）含量，延缓叶片衰老，保持后期较强的光合速率，促使产量形成期有较高的光合物质积累。因此，超高产小麦的氮肥施用原则是底氮不过量，返青起身不追氮，拔节—孕穗必追氮，籽粒灌浆期酌情补氮。根据多个超高产示范田的施肥经验，氮肥施用可采用以下模式：

①全季总化肥氮 18~22 千克/亩，根据有机肥施用数量和质量而定。

②底氮 8~12 千克/亩（折合含氮 25%左右的 N、P、K 复合肥 40~50 千克/亩）。

③拔节后期至药隔形成期追氮 10 千克（折合尿素约 21.7 千克/亩）。

④开花后根据植株生长状况，若有脱肥表征，可每亩追氮 2.5~4 千克（折合尿素约 5 千克），如植株生长旺盛，可不再追氮。

（2）因地制宜用好磷、钾、微肥，重视增施硫肥

①钾肥。

随着小麦产量的提高，单位产量所吸收的钾素有明显增加，与普通产量相比较，超高产小麦（650~700 千克/亩）每百千克吸钾量增加 20%~28%，在三要素中钾所占比例提高 12%~16%。因此，超高产麦田必须重视钾肥施用。

超高产小麦钾肥施用方法也应有所改进。要将过去钾肥全做底肥改为底钾和追钾结合起来，按照底追比 7：3 的数量，在拔节—孕穗期追施钾肥，也可以把钾肥和氮肥混合追施，或用 N、P、K 含量各 15%的复合肥。这种"前钾后移"施肥方法可提高钾肥利用率，有效增强小麦后期抗性，小麦千粒重增加 2 克以上，增产效果达 10%以上。

②磷肥。

各地超高产麦田都很重视磷肥,加之秸秆还田和有机肥供磷能力较强,麦田供磷可以满足小麦生育需要,一般按每亩施五氧化二磷(P_2O_5)10千克左右就可以了。为了提高磷肥利用率,促进苗期分蘖,形成冬前壮苗,不少超高产麦田采用分层施磷,即在犁地前施含磷复合肥之外,还在耙地或旋耕时,再撒施一定数量(一般每亩10千克)的磷酸二铵,供幼苗吸收,促进根系发育,增加冬前大分蘖。

叶面喷洒磷酸二氢钾是一种常用的增产技术,在小麦返青、拔节、孕穗、抽穗扬花至灌浆期,连续多次喷洒磷酸二氢钾,对小麦有很好的增产效果。

③微肥。

超高产麦田由于施有机肥较多,土壤中的微量元素大多可以满足小麦需要。在一些基础肥力较低,有机肥用量少,特别是砂壤土,要实现小麦超高产,仍然要注意增施多种微肥。另外,由于超高产麦田含磷较多,很影响小麦对锌元素吸收,有缺锌现象。所以,多数高产麦田一般底施硫酸锌1.5千克/亩左右。

④重视硫肥。

硫(S)是蛋白质组成不可缺少的元素。施硫小麦一般可增产6%~12%,而且对强筋小麦品质有良好影响。因此,超高产麦田应当增施硫肥,可以每亩施硫黄粉3~4千克(45~60千克/公顷)。

4. 深耕细耙,精细整地,优化播种基础,保证苗全苗匀

苗全苗匀是小麦群体在田间的有序、规则分布。提高植株分布均匀度是提高光能利用率的一项不可忽视的措施,也是提高麦田群体质量的基础。缺苗断垄,植株在田间分布不均匀已成为小麦高产的一个重要限制因子。河南省各地的高产、超高产田块的一个共同特点就是基本达到了苗全苗匀,很少有缺苗断垄,基本实现"精准"栽培模式。

要实现苗全苗匀,除有优良种子和良好播种技术外,最重要的是深耕细耙,提高整地质量。为使耕层深厚,所有超高产麦田都要采用大拖拉机深耕25~28厘米,充分混匀还田秸秆和有机肥料,然后用圆盘耙或钉齿耙顺耙斜耙后又旋耕2遍,达到土碎地平、上虚下实、利于播种。

超高产麦田必须把整地放在第一位,不能因抢播期而马虎整地。具体播种日期南北部有一定差异,但基本上都在10月中旬为宜,如豫北抢墒到10月上旬,但不适合过早。

关于播种量，一直是一个争论较大的问题。目前比较统一的做法是：正常播期每亩播量 10 千克，保证有 20 万株基本苗。播量最大不能超 12.5 千克/亩（187.5 千克/公顷）。小麦行距以 15~22 厘米为好，其中超高产麦田行距大多采用 15~18 厘米。

5. 超高产麦田的灌水

麦田灌水是一个十分复杂的问题，由于当年降水多少、不同土壤的保水性能的差异，使高产麦田很难有一个固定的灌水模式。根据各地研究，超高产麦田要在底墒水充足的基础上，生育前期（拔节之前）不要求过高的土壤水分。但必须加强拔节至开花期供水，此期土壤含水量应保持在 75%~80%，尤其是拔节期（雌雄蕊分化末期）充足的土壤水分，可显著增加根量（2.5 倍）；增加旗叶光合产物对籽粒的最大贡献率，提高花后群体的生长率。在黄淮海平原，正常年份，在底墒充足的基础上，实行拔节期（拔节孕穗）和开花后 8 天前后浇水 2 次可以满足高产小麦对水分的需求。对于越冬水，需要根据当年越冬前降水和底墒状况来确定是否进行冬灌。对于土质特别黏重的麦田，可根据土壤墒情增加灌水次数，如黏土地可在播种后浇一次蒙头水，保证出苗。对豫东平原，由于春季倒春寒频率高，一定要注意寒潮来临之前得及时灌水。

6. 加强超高产麦田病虫害防治，全程保健，实现病虫零危害

由于超高产麦田肥水充足，群体较大，株间湿度较大，光照不足，容易滋生多种病菌和害虫，所以超高产麦田比一般麦田的病虫害更严重。因此，必须加强病虫害的及时防治，尤其应搞好病虫测报和综合防治，确保小麦全生育期基本不受病虫危害。

高产麦田防治病虫应着重抓好四个关键时期。①切实搞好土壤处理，目前药物用辛硫磷拌干土在犁地前撒施。②采用种子包衣或药剂拌种。目前多数包衣以防治地下害虫药物为主，对某些病害发生较严重地块，如全蚀病要用全蚀净拌种。③返青起身期重点防治纹枯病和红蜘蛛、蚜虫等。此期喷洒三唑酮或井冈霉素可同时掺混杀虫药剂，消灭虫害。在纹枯病严重的地块和品种，应当在第一次喷药后隔 7 天再喷 1 次。④抽穗扬花期是小麦多种病虫害防治的关键时间，目前主要采用混合药物同时防治白粉、锈病、赤霉病、叶枯病和蚜虫等。主要药物有三唑酮（或特谱唑）、多菌灵、抗蚜威等，按用药量要求混合成药液在抽齐穗至扬花 30%左右及时喷洒。尤其遇到阴天湿度大，赤霉病易发生，必须掌握用药时期，及时防治，不能错过日期。为了增加小麦生育后期营养，也可以在药液中加

入磷酸二氢钾。

进入灌浆之后，蚜虫会多次发生，危害很大。因此，要密切关注田间蚜虫发生情况，及时喷药，多次喷药，不能疏忽大意。

二、小麦 650 千克/亩超高产栽培技术规程

本规程适用于 650 千克/亩以上的高产栽培。

（一）基本要求

1. 地块

地势平坦，土层深厚肥沃，保水保肥性好，灌排方便。

2. 土壤

土壤耕层 0~20 厘米，有机质含量≥12 克/千克，全氮（N）含量≥1.1 克/千克，速效磷（P_2O_5）含量≥15 毫克/千克，速效钾（K/O）含量≥130 毫克/千克。

（二）群个体性状指标

1. 壮苗指标

（1）越冬期指标

越冬期主茎叶龄 6 叶 1 心，单株分蘖 4~5 个，单株次生根 8~10 条。

（2）返青期指标

返青期主茎叶龄 7 叶 1 心，单株分蘖 5 个以上，单株次生根 10 条以上。

（3）拔节期指标

拔节期主茎叶龄 9 叶 1 心，植株生长健壮，无病虫。

2. 群体动态指标

每亩基本苗 18 万~20 万株，越冬期群体 70 万~80 万株，春季最高群体不可超过 100 万株，成穗数 45 万~50 万穗。

3. 产量结构指标

每亩成穗数 45 万~50 万穗，穗粒数 34~37 粒，千粒重 45~48 克。

（三）播前准备

1. 种子选择与处理

（1）种子选择

选用具有650千克/亩以上产量潜力的品种，种子籽粒饱满均匀、发芽率高。

（2）种子处理

纹枯病、条锈病等病害重发区用2%戊唑醇可湿性粉剂拌剂10~15克、3%苯醚甲环唑悬浮种衣剂20~30毫升或2.5%咯菌腈种衣剂10~20毫升加水0.8~1千克拌麦种10千克；小麦全蚀病重发区用12.5%硅噻菌胺悬浮剂种衣剂20毫升加水0.8~1千克拌麦种10千克，拌种后堆闷6~12小时，晾干后播种；小麦黄矮病和丛矮病发生区用70%吡虫啉溶液湿拌种剂10~15克加水0.8~1千克拌麦种10千克。

2. 施肥与整地

（1）底肥

每亩底肥使用量为纯氮（N）8~12千克、磷（P_2O_5）8~10千克、钾（氧化钾）4~6千克。新鲜牛、猪粪用量15 000~75 000千克/公顷（1000~5000千克/亩），或干鸡粪3000千克/公顷（200千克/亩）以上。

（2）底墒

播前耕层土壤适宜相对含水量为70%~80%，墒情不足时，应灌水造墒，足墒播种。

（3）土壤处理

地下害虫和吸浆虫严重发生地块，每亩可用3%辛硫磷颗粒3千克拌细土25千克，耕地前均匀撒施于地面，随犁地翻入土中。

（4）深耕耙地

在前茬作物收获后及早粉碎秸秆，秸秆粉碎长度≤5厘米。深耕深度25厘米以上、深松深度30厘米以上、旋耕（2遍）深度12~15厘米，做到不漏耕。深耕、深松或旋耕后耙耱2~3遍，耙实耙透，上虚下实，无明暗土坷垃。

（四）播种

1. 播量

早茬口每亩播量为10~12千克。10月20日后每推迟播种3天播种量每亩应增加 0.5 千克，但每亩播量最多不应超过 20 千克。

2. 播种方法

采用 20 厘米等行距或宽窄行播种，播种深度 3~5 厘米，播后镇压，保证出苗整齐，苗全苗匀。

（五）田间管理

1. 出苗期—越冬期管理

（1）查苗补种

出苗之后对缺苗断垄超过 10 厘米的地方，用浸种至露白后的种子及早补种；或在小麦 3 叶期至 4 叶期时带土移栽。移栽时覆土深度为上不压心、下不露白。补苗后压实土壤再浇水。

（2）灌溉

秸秆还田、旋耕播种、土壤暄虚不实或缺墒的麦田应进行冬灌。冬灌时间一般在日平均气温 3℃以上时进行。

（3）中耕和除草

降水或浇水后土壤出现板结时要适时中耕，破除板结，灭除杂草，促根、蘖健壮生长。对群体偏大、生长过旺的麦田，可采取深中耕断根或镇压措施，控旺转壮，保苗安全越冬。在小麦 4 片叶时喷药进行化学除草。

2. 返青期—抽穗期管理

（1）追肥、浇水

返青期群体每亩超过 100 万头的旺长麦田，采取深耕断根，推迟追肥至拔节后期，每亩追施尿素 10 千克；这对于播量大、个体弱的假旺苗，在起身初期每亩施尿素 10 千克。返青期群体 80 万头左右的壮苗麦田，在拔节—孕穗期每亩追施尿素 12 千克。返青期群体在 70 万头以下的麦田应及早结合浇水每亩追施尿素 12~15 千克。

（2）预防晚霜冻害

拔节后若遇突然的寒流天气，寒流前应采取浇水预防霜冻。寒流过后，及时检查幼穗受冻情况，发现茎蘖受冻死亡的麦田要及时追肥浇水，一般每亩追施尿素 5~10 千克，促其尽快恢复生长。

3. 抽穗期成熟期管理

（1）灌水

后期干旱时，应在扬花后 7 天选择无风天气浇灌浆水，花后 15 天不再浇灌浆水，也不浇麦黄水。

（2）叶面喷肥

抽穗至灌浆前中期每亩用尿素 0.5~1 千克和磷酸二氢钾 0.15~0.2 千克加水 50 千克进行叶面喷洒。

（六）收获

完熟初期采用联合收割机收获，防止机械混杂。

第二节　大豆高产种植技术

一、大豆的分类及其形态特征

（一）大豆的分类

我国栽培大豆品种繁多，也是世界上大豆品种最丰富的国家。按植物学特性，可将大豆分为野生种、半栽培种和栽培种三类。按大豆的播种季节可分为春大豆、夏大豆、秋大豆、冬大豆四类，但以春大豆占多数。按大豆的生育期可分为极早熟大豆、早熟大豆、中熟大豆和晚熟大豆。按籽粒颜色可分为黄豆、青豆、黑豆、褐豆、花色豆等类，其中以黄豆为主。按生长习性分为直立型、半直立型、半蔓生型、蔓生型四类；按株形分为收敛型、开张型、半开张型三类；按结荚习性分为有限结荚习性、无限结荚习性和亚有限结荚习性三类。若按大豆的用途则可分为粒用大豆与鲜食大豆两大类。

1. 春大豆类型

此类型大豆对光照反应不敏感，可在 14 小时以上的光照条件下通过阶段发育，适于从低温到高温的气候条件下生长。一般 3 月下旬至 4 月上旬播种，6 月下旬至 7 月上、中旬成熟，全生育期 90~120 天。由于在夏、秋季干旱之前即可成熟，稳产保收，因此种植面积较大，一般亩产 150kg 左右，如果夏秋播，生育期明显缩短，秋播产量降低，一般亩产 80~100kg，且本类型大豆较耐旱、耐瘠、耐酸性土，适于丘陵旱土一年两熟或三熟栽培。

2. 夏大豆类型

此类型大豆对光照反应较敏感，可在 13~14 小时的光照条件下通过阶段发育。一般 5 月中旬、下旬至 6 月上旬播种，9 月中、下旬至 10 月上旬、中旬成熟，全生育期 120~150 天，在较高的温度条件下通过阶段发育。由于遇夏、秋季干旱对产量影响较大，种植面积占大豆总面积的 18% 左右。本类型大豆植株繁茂高大，其比较耐肥，不太耐旱，结荚性和丰产性较好，一般亩产可达 200kg 左右，高于春大豆，如果改为春播，生育期较长，秋播则生育期明显缩短，产量显著下降。

3. 秋大豆类型

此类型大豆对光照极为敏感，在 13.5 小时以上的光照条件下即不能通过阶段发育。一般 7 月中旬、下旬至 8 月上旬播种，11 月上旬、中旬成熟，全生育期 95~115 天，改为春夏播则生育期显著延长。而此类型大豆主要集中在气温较高的湘南和湘中地区，一般亩产 150kg 左右。

（二）大豆的形态特征

1. 根和根瘤

（1）根

大豆根属于直根系，由主根、侧根和根毛组成。初生根由胚根发育而成，侧根在发芽后 3~7 天出现，根的生长一直延续到地上部不再增长为止。在耕层深厚的土壤条件下，大豆根系发达，根量的 80% 集中在 5~20cm 上层内，主根在地表下 10cm 以内比较粗壮，愈下愈细，几乎与侧根很难分辨，入土深度可达 60~80cm。侧根远达 30~40cm，然后向下垂直生长，一次侧根还再分生二、三次侧根。根毛是幼根表皮细胞外壁向外突出而形成的，寿命短暂，大约几天更新一次，根毛密生使根具有巨大的吸收表面，一株约 $100m^2$，水分与养分通过根毛来吸收。

（2）根瘤

大豆根系的一大特点就是具有根瘤，大豆根瘤是由大豆根瘤细菌在适宜的环境条件下侵入根毛后产生的，大豆植株与根瘤菌之间是共生关系，大豆供给根瘤菌糖类，根瘤菌供给寄主以氨基酸，有人估计，大豆光合产物的 12% 左右被根瘤菌消耗。根瘤菌的活动主要在地面以下的耕作层中，大豆根瘤多集中于 0~20cm

的根上，30cm 以下的根很少有根瘤，大豆出苗后大约 10 天可观察到小根瘤。

（3）固氮

对于大豆根瘤固氮数量的估计差异很大。据研究，当幼苗只有 2 片真叶时，已可能结根瘤，2 周以后开始固氮，但植株生长早期固氮较少，自开花后迅速增长，开花至青粒形成阶段固氮最多，约占总固氮量的80%，鼓粒期以后，大量养分向繁殖器官输送，根瘤菌的活动受到抑制，固氮能力下降。大豆根瘤固定的氮一部分满足自身的需要，一部分供给大豆植株，大豆产量在很大程度上取决于根瘤发育良好的庞大根系。

2. 茎

大豆的茎近圆柱形略带棱角，包括主茎和分枝。茎源于种子中的胚轴，下胚轴末端与极小的根原始体相连，上胚轴很短，带有 2 片胚芽、第一片三出复叶原基和茎尖。

在营养生长期间，茎尖形成叶原始体和腋芽，而一些腋芽后来长成主茎上的第一级分枝，第二级分枝比较少见。按主茎生长形态，大豆可分为蔓生型、半直立型和直立型。

大豆主茎基部节的腋芽常分化为分枝，多者可达 10 个以上，少者 1～2 个或不分枝。分枝与主茎所成角度的大小、分枝的多少及强弱决定着大豆栽培品种的株型。按分枝与主茎所成角度大小，可分为开张、半开张和收敛三种类型。按分枝的多少、强弱，又可将株型分为主茎型、中间型、分枝型三种。

大豆茎上长叶处叫节，节和节之间叫节间，有资料表明，单株平均节间长度达 5cm 是倒伏的临界长度。

3. 叶

（1）子叶

子叶是大豆种子胚的组分之一，也称种子叶。在出苗后 10～15 天内，子叶所贮藏的营养物质和自身的光合产物对幼苗的生长是很重要的。

（2）真叶

大豆子叶展开后约 3 天，随着上胚轴伸长，从子叶上部节上长出 2 片对生的单叶，即为真叶。每片真叶由叶柄、2 枚托叶和 1 片单叶组成。真叶则为胚芽内的原生叶，叶面密生茸毛。

（3）复叶

大豆出苗 2~3 周后，在真叶上部长出的完全叶即为复叶，大豆的复叶包括托叶、叶柄和叶片三部分，每一复叶的叶片包括 3 片小叶片，呈三角对称分布，所以大豆复叶称为三出复叶。托叶一对，小而狭，位于叶柄和茎相连处两侧，有保护腋芽的作用。大豆植株不同节位上的叶柄长度不等，有利于复叶镶嵌和合理利用光能，而且大豆复叶的各个小叶及幼嫩的叶柄还能随日照而转向。

叶片寿命 30~70 天不等，下部叶变黄脱落较早，寿命最短；上部叶寿命也比较短，因出现晚却又随植株成熟而枯死，中部叶寿命最长。

（4）先出叶（前叶）

除前面提及的子叶、真叶和复叶外，在分枝基部两侧和花序基部两侧各有一对极小的尖叶，称为先出叶，已失去功能。

4. 花和花序

大豆的花序着生在叶腋间或茎顶端，为总状花序。一个花序上的花朵通常是簇生的，俗称花簇。每朵花由苞片、花萼、花冠、雄蕊和雌蕊构成，花冠的颜色分白色、紫色两种。

大豆是自花授粉作物，即花朵开放前即已完成授粉，天然杂交率则不到 1%。

5. 荚和种子

大豆的荚色有草黄、灰褐、褐、深褐及黑等色，豆荚形状分直形、弯镰形和弯曲程度不同的中间形。

成熟的豆荚中常有发育不全的籽粒，或只有一个小薄片，通称秕粒。秕粒发生的原因是受精后结合子未得到足够的营养。开花结荚期间，阴雨连绵，天气干旱均会造成秕粒，鼓粒期间改善水分、养分和光照条件有助于克服秕粒。

大豆的种子形状可分为圆形、椭圆形、长椭圆形、扁圆形等。种皮颜色与种皮栅栏组织细胞所含色素有关，则可分为黄色、青色、褐色、黑色及双色五种，但以黄色居多。

二、大豆种植制度

（一）大豆种植方式

1. 大豆单种

单种即在同一块田地上种植一种作物的种植方式。在我国北方和黄淮海地区大豆以单作为主要种植方式，而且集中连片规模大，有利于专业化、区域化生产和机械化作业。我国南方大豆单作主要分布在农场，南方红黄壤开发区，川南、云贵北部水稻区，沿海滩涂开发区和农民的少量零星种植。该种植方式在湖南临湘、新田、道县等比较普遍，一般厢宽2~2.5m，春大豆按行穴距为33cm×20cm标准开穴后点播，每亩1万穴，早熟品种每穴留苗3~4株，中熟品种每穴留苗2~3株。

2. 大豆田埂种植

一般在水稻田埂种植，我国南方分布较广，在湖南祁阳、株洲、益阳、常德等规模较大，农民在稻田四周的田埂上种植大豆，一般穴距20~30cm，每穴播4~5粒种子，田埂豆的品种以夏大豆和春大豆为主。田埂种大豆，阳光充足，水肥条件好，而且省工、省本、效益好，一般栽培条件下，稻田的田埂播种1kg大豆可收大豆25kg左右。

3. 大豆间作套种

是我国南方大豆的主要种植方式，我国北方和黄淮海地区有的地方大豆也与玉米实行间作套种。大豆间作套种能合理利用地力、空间和光能，提高复种指数，实现丰歉互补，增产稳收。一般将共生期占主要作物生育期一半以上的称为间作，而少于一半的称为套种。目前大豆间作套种主要有以下六种模式：

（1）大豆与春玉米间套作

大豆与玉米间套种具有明显互补作用。玉米为高秆、喜温光作物，肥水需求量较大对氮肥的反应比较敏感，吸收氮、磷、钾肥的时期比较集中；大豆属于矮秆、耐阴、肥水需求量相对较小的作物，其根瘤具有固氮能力，这对氮肥的反应迟缓，需氮量相对较少，这两种作物间套作，能充分利用土壤肥力与温光条件，较大幅度地提高综合效益，改变单作玉米或单作大豆效益偏低的状况，对大豆面积的增加意义十分重大。同时，土壤肥力和土壤结构不断得到改善，可真正实现土地的用养结合，是一种较为理想的高效旱土耕作方式。其间作套种模式主要有以下四种：

①以玉米为主间作春大豆。

水肥条件较好的地块可以玉米为主。玉米采用宽窄行种植，一般宽行80~100cm，窄行40~50cm，株距30cm左右，在玉米宽行间作1~2行春大豆，行距30cm，穴距20cm。玉米宽窄行种植间作春大豆，有利于两种作物通风透光，边行优势明显，在不影响玉米的同时可以增收大豆，一般玉米亩产量可达400~

500kg，大豆亦可每亩收 50kg 左右。

②以大豆为主间作春玉米。

肥力水平一般的地块，最好以大豆为主。配置方式为 2∶6，即在厢两边各播 1 行玉米，厢中间播 6 行大豆，大豆行距 30cm，穴距 20cm，玉米株距 30cm。这种方式大豆约占间作田面积的 70%，玉米的面积约占 30%，管理时对玉米多施肥，可使玉米、大豆获得双丰收。

③春玉米套作夏大豆。

该种植方式主要分布在湘西一带，在西北部的慈利县有比较集中连片的规模种植。一般采用高畦种植，畦宽 1.0m，每畦种 2 行玉米，1 行夏大豆，玉米行距 60cm，穴距 30cm；或畦宽 1.7m，玉米宽窄行种植，宽行 80cm，窄行 40cm，宽行中种 1 行夏大豆。该模式春玉米和夏大豆共生时间短，而且大豆是在玉米宽行中或行边套种，在不影响玉米种植面积的同时，大豆根瘤固氮培肥地力还能促进玉米增产，同时集成了免耕、秸秆覆盖等抗旱保墒技术，是集省工节本、培肥地力、保持水土及抵御季节性干旱为一体的新型旱地农业发展模式。

④玉米大豆带状复合种植新模式。

这种植模式是在传统的玉米大豆间套作基础上，以实现玉米大豆双丰收并适应机械化生产为目标，采用玉米大豆带状复合种植标准模式，2m 或 2.2m 开厢，厢面宽 1.8m 或 2m，沟宽 0.2m，玉米按宽窄行种植，宽行 1.6m 或 1.8m（在厢两边各种 1 行，距厢边 0.1m），窄行 0.4m（沟宽 0.2m+两边各 0.1m），宽行内种 2 行大豆，大豆行距 0.4m，大豆行与玉米行的间距 0.6m 或 0.7m，玉米每穴单株，穴距为 0.17~0.2m，密度 3032~3924 株/亩，大豆穴距 0.2m，每穴 3 株苗，密度 9095~10 003 株/亩。该模式将一块地当成两块地种，玉米宽窄行种植和玉米大豆 2∶2 配置方式通风透光和边行效应明显，可有效提升间套作大豆和玉米生产能力，同时通过微区分带轮作还有利于减轻大豆的病虫害传播，降低重迎茬带来的产量损失，实现玉米大豆双高产，促进农民增收和农业可持续发展。

（2）春大豆与春玉米、甘薯间套作

2.5m 分厢，2.1m 宽的厢面，在厢两边按 27cm 株距各播 1 行玉米，大豆宽窄行播种，每厢种 6 行大豆、4 行红薯，大豆与玉米的行距 20cm，靠近玉米的两边和正中都播 2 行大豆，窄行宽 18cm，大行宽 48cm，为套种红薯做好预留行。5 月下旬红薯按 27cm 的株距套种在大豆的预留行内和大豆与玉米之间。该模式红薯与大豆、玉米共生期 40 天左右。

（3）棉田间作春大豆

该模式主要集中在湖南北部平原的棉花主产区，一般2.4m开厢，3月底至4月初先在厢中间播种2~3行早熟春大豆，行距30cm，穴距20cm，每穴留3~4株苗，在厢两边4月中旬直播或5月上旬移栽1行棉花，株距50~55cm。在不影响棉花产量的同时，每亩可收获大豆100kg左右。这一模式充分利用棉花封行前的土地空当种植收获一季春大豆，避免了棉花生育前期植株较小造成行间土地、温光资源的巨大浪费，同时可减少棉田杂草的危害，发挥大豆的养地作用，实现粮食增产和农民增收。

（4）大豆与棉花、油菜间套作一年三熟种植新模式

随着农村种植业结构的不断调整，棉田间套种模式已多种多样，棉田套种大豆技术也在不断发展。大豆与棉花、油菜间套作模式是在湖南传统的棉花与油菜轮作一年两熟种植制度基础上进行的创新改良，一般2.4m开厢，10月中下旬以前在厢中间直播或移栽2行早熟油菜，行距40cm，第二年油菜收获前后在厢两边按50~55cm株距各种1行棉花，在厢中间按20cm穴距播种2~3行耐迟播早熟春大豆或移栽2~3行早熟春大豆，每穴留苗3~4株。在棉、油轮作区实行大豆、棉花和油菜三种作物间作套种，这在原来的基础上增加了一季大豆的产量，可提高农民收入，有效利用自然资源，实现作物间的互利共生和种地与养地的有机结合，而大幅提高单位面积土地的产出率和效益。

（5）幼龄果茶（油茶）林园间作大豆

该模式利用幼龄果茶林园空隙地在树冠外的行间种植大豆，在不影响幼龄果茶林苗正常生长的情况下，一般每亩产大豆90~100kg，这不仅能为农民增加收入，弥补长远投资近年无效益的缺陷，还可培肥地力，防止水土流失和抑制杂草生长，改善小气候，促进幼龄果茶（油茶）林园苗的生长，使幼龄果茶（油茶）林园苗生长和大豆生产两者相得益彰，具有很好的经济、生态和社会效益。

（6）大豆与甘蔗间作

甘蔗生长期长，行距大，封行迟，下种或移栽后至封行有2~3个月，利用这段时间，在行间种植一季早熟春大豆或菜用大豆，可增加复种指数，提高光能利用率，增加农作物产量，还可提早覆盖地面，减少水分蒸发，防止杂草滋生，改善蔗田生态环境。一般根据当地习惯和甘蔗行的宽窄于3月底至4月初在甘蔗地行间按20cm穴距间种1~3行早熟春大豆，每穴留3~4株苗，且每亩可收大豆70~100kg。

（二）大豆复种轮作模式

大豆与其他作物复种轮作在我国具有悠久的历史，复种的方式可以是前后茬作物单作接茬复种，也可以是前后茬作物间套播复种。我国北方地区无霜期短，冬季温度低，不宜冬作，除辽南地区试用麦茬豆一年两熟制外，一般为一年一熟，大豆在春季播种，秋（冬）收获，主要与旱田栽培的玉米、高粱、粟、春小麦、甜菜等作物实行两年至三年轮作。我国黄淮地区大豆以夏播为主，主要与冬小麦、夏春杂粮、棉花等复种轮作，实行两年三熟或一年两熟，偏南地区夏大豆生长期与小麦茬口衔接适宜，大豆与小麦轮作一年两熟制较多。我国南方多熟制区无霜期长，大豆品种类型丰富，耕作方式复杂，复种指数高，有春播、夏播、秋播和冬播，多与水稻、油菜、玉米、小麦、棉花、甘薯、蔬菜等作物复种轮作，实行一年两熟、一年三熟或两年五熟。而随着生产的需要与农业水平的进展，湖南大豆耕作栽培制度结构在作物类别及品种类型上发生了较大变化，大豆的复种轮作主要包括以下六种模式：

1. 春大豆—晚稻—冬作（或冬闲）

春大豆多选用早熟高产品种，其有利于晚稻及时移栽，早插快发，缓和季节矛盾，避开秋季低温寒潮的影响，充分发挥增产优势，同时稻田肥水条件较好，也为大豆高产提供了有利条件。一般稻谷每亩产量 600kg 左右，大豆每亩产150kg 量左右，高产田块每亩产量可达 200kg。此外，在部分山区水稻田种单季稻光温资源得不到充分利用，种双季稻又感到温光资源有些不足，发展早熟春大豆配晚杂优稻两熟制，能充分利用温光资源，增收一季大豆，获得较好的经济效益。

2. 夏大豆—油菜两熟制

夏大豆选用早熟品种，5 月中下旬播种，9 月中下旬收获，油菜于大豆收获后整地作厢穴播，一般大豆每亩产量为 200kg 左右，油菜每亩产量则为 150kg以上。

3. 早稻—秋大豆—冬作（或冬闲）

早稻收获后采用免耕法随即在稻茬旁复种轮作秋大豆，一般每亩产稻谷400kg 左右，秋大豆每亩产 100kg 以上，高的可达 190 多千克。随着农田水利条件的改善和双季稻的发展，该模式种植地区和种植面积减少，目前除湘南部分地区有少量种植外，其他地区很少栽培。

4. 豆—秧—稻—冬作（或冬闲）

在晚稻专用秧田中种一季早熟春大豆，3月中下旬播种大豆，6月25日左右收了大豆做秧田，一般每亩产100kg左右，高的可达150kg。

5. 春大豆/春玉米—杂交晚稻—冬作（或冬闲）

该模式由春大豆—杂交晚稻—冬作（或冬闲）发展而来，大豆与玉米间作有以玉米为主和以大豆为主两种方式，采用的大豆和玉米品种熟期必须有利于晚稻适时栽植。

6. 春大豆—甘薯

春大豆收获后于7月上中旬栽插甘薯，大豆选用早熟品种有利于甘薯早插，以获得高产。

除上述耕作栽培模式外，各地还发展了大豆与烟草、大豆与蔬菜、大豆与花生、大豆与西瓜等多种间套作和复种轮作模式。

三、大豆高产栽培技术

（一）春大豆高产栽培技术

1. 选用合适的良种

品种好坏是决定大豆产量高低的关键，要根据当地温、光、水自然条件、栽培制度、土壤肥力和栽培条件等选择相适应的品种。湖南3—4月是春潮，降水量占全年的14%~24%；5—6月是梅雨季节，为一年中降水量最多的时期，此期降水量占全年的24%~27%；7—8月是伏旱期，此期高温少雨。因此，品种选择除注意丰产性外，还要特别注意品种的耐湿性和熟期。一般春大豆品种宜选用在6月下旬至7月中上旬成熟的品种，种植成熟过迟的品种产量和品质均受影响。作为豆稻两熟的品种，应选择耐湿性和耐肥性强、株高适中的早中熟品种；土壤肥力较高，栽培条件较好的，应选择茎秆粗壮、耐肥抗倒、丰产性强的品种；地力瘠薄，栽培管理粗放的，要选择耐瘠、耐旱、生长繁茂、稳产性较强的品种。

2. 冬耕晒坯冻垡，搞好开沟排水

为创造适于大豆生长发育的土壤环境，使耕作层土壤中水、肥、气、热等主要土壤肥力因素都适合于大豆生长发育的需要。春大豆田尤其是豆稻水旱轮作须在冬前及早翻耕土地、晒坯，四周开好排水沟，播种前再机械旋耕或传统翻耙田

块（深度 20cm 左右）后，抢晴碎土，整沟作畦。否则，来年春季临时翻耕，湿耕湿种，土壤板结不透气，播种后遇上低温阴雨，烂种缺苗严重，即便出土的豆苗也生长黄瘦，发育不良，不利于高产。

3. 适时早播

春大豆播种期对产量和生育期有极其显著影响。湖南春大豆播种期正值低温多雨季节，若过早播种，将受低温渍水影响造成烂种缺苗。春大豆感光性弱，感温性强，播种过迟时生育期显著缩短，营养体生长量不足，产量降低。不同熟期春大豆每推迟 11 天播种，成熟期延后 5~7 天，全生育期缩短 4~6 天；迟播同时导致生育后期在高温、强日、干旱的条件下，籽粒灌浆受阻，秕荚秕粒大量增加，经济性状显著降低。各地实践证明，春大豆适时早播，不仅营养生长期延长，还会使大豆在结荚期避开本省规律性伏旱，产量增加。湖南春大豆适宜播种期一般为 3 月下旬至 4 月上旬，由于春大豆播种至出苗期往往多雨，一般在土温稳定上升至 12℃ 以上时抢晴天播种，需要浅播薄盖，但盖后不能露籽。

4. 合理密植

合理密植是大豆生产中的一项重要措施，即在当时当地的条件下，大豆的种植既不过密，又不过稀，达到形成合理的群体结构。种植过密时会导致呼吸作用的消耗量大于同化作用的积累量，从而使产量下降；过稀导致群体偏小，亦不利于大豆高产。确定合理密度要考虑品种特性、土壤肥力和播种期的迟早等。植株繁茂、分枝能力强、株形较松散的品种，种植密度应适当稀；分枝少、主茎结荚型品种宜密。早熟品种生育期短，植株亦较矮，应适当加大种植密度才能获得较高的产量；中迟熟品种种植密度则需要稍稀。早播应适当稀些，迟播则要加大密度。此外，应遵循"肥地宜稀，薄地宜密"的原则。

5. 科学施肥

在一般情况下，大豆能从空气中固定所需氮素的 1/2~2/3，对各种养分的需求量在大豆生长发育的不同阶段而有所不同，以开花至鼓粒期对氮、磷、钾肥的需要量最多。

南方诸省大豆的立地条件不好，土壤中有机质贫乏，有效氮、磷、钾肥含量较低，所以要提高大豆产量，应特别重视大豆的施肥，注意氮、磷、钾肥的合理配合。一般每亩用优质土杂肥 1000~1500kg、过磷酸钙 30~50kg 堆沤后做盖种肥。营养生长和生殖生长并旺时期，可根据大豆苗架长势、长相和土壤肥力状况确定施肥种类、数量和次数。一般中等肥力的红壤旱土，在开花前5~7天内结合中耕除草，每亩追施尿素或复合肥10kg左右；在土壤肥力水平很高的情况下，可以不施或少施肥；在瘠薄的田土种植时，应加大施肥量，并对开花结荚期间营养不足，鼓粒期出现早衰趋势的豆苗立即喷施氮、磷结合的叶面肥（用尿素0.5kg、过磷酸钙1kg、钼酸铵10g兑水50kg过滤）。苗期追肥可在雨前或雨后撒施在距大豆4~5cm远的穴行间，切忌肥料直接接触大豆植株，以防烧苗。对新垦红黄壤还应结合整地适当施用石灰，每亩可用量100kg左右。

6. 加强田间管理

大豆田间管理除苗期搞好插灌补苗、清沟沥水等工作外，主要抓好中耕除草和病虫害防治。中耕时间应根据大豆幼苗的生长情况和杂草多少而定。第一次中耕宜在第二复叶平展前进行，此时根系小而分布较浅，中耕宜浅。第二次中耕要求在始花前结束，中耕深度应视其土壤结构情况，一般4~5cm，植株开花后不宜再中耕。大豆生育期间害虫较多，苗期以地老虎、蚜虫、潜叶蝇、豆秆蝇等地下害虫为主，在没有药剂拌种的地块发生地下害虫危害时，用50%辛硫磷乳油或48%乐斯本乳油每亩500mL兑水50kg喷施防治，或用1000倍液的美曲磷脂（敌百虫）拌青菜叶做成毒饵诱杀。开花至结荚鼓粒期主要有斜纹夜蛾、卷叶螟、豆荚螟、大豆造桥虫等害虫，可用甲维盐等高效低毒药剂防治。各种病害主要靠农业综合防治，注意轮作换茬和搞好田间管理工作，抑制病害的发生。若出现大豆霜霉病、细菌性斑点病可用50%多菌灵可湿性粉剂500倍液于发病初期开始喷雾防治，隔7天用药1次，连续用药2次。若出现菟丝子应与大豆植株一起拔除烧毁，或用鲁保1号生物药剂菌粉加水稀释500~700倍进行防治。此外大豆开花至结荚鼓粒期间，需水量增加，遇干旱易造成花荚脱落，适时灌水抗旱乃此期田间管理的关键措施之一。一般在下午5~6时当植株萎蔫不能恢复原状时应及时灌水抗旱，确保鼓粒壮荚少受影响。大豆成熟后抢晴及时收获，防止雨淋导致种子在荚上霉变，是增产的最后一个环节。应在黄熟后期及时收获，此时豆叶大部分枯黄脱落，籽粒与荚壳脱离，摇动豆荚时出现相互碰撞的响声，籽粒呈现出品种固有色泽。收获时间宜在上午9时或露水干之前进行，这样既可防止豆荚炸裂，减少损失，又能提高工效。

（二）夏大豆高产栽培技术

与春大豆相比，夏大豆生育期间的温、光、水等条件有很大差异。这些环境因素会影响夏大豆的生长发育，进而影响夏大豆的产量和品质。夏大豆栽培关键技术如下：

1. 选择适宜品种

为了保证夏大豆与冬播作物在时间上不存在矛盾，不误下茬冬作物适期播种，豆、油两熟制宜选择早熟和极早熟夏大豆品种，或用适宜夏播的春大豆品种代替夏大豆品种。若与春玉米套种，则除考虑品种的丰产性外，还要考虑夏大豆品种的生长习性、耐阴性与抗倒性等。

2. 抢墒及时播种

由于油菜、小麦收获后气温高，跑墒快，播种时间紧迫，会在前作收获后及时耕地和整地抢种，或采用浅耕灭茬播种，播前不必耕翻地，只须耙地灭茬，随耙地随播种，或不整地贴茬抢种。为保证大豆出苗所需水分，切记足墒下种，无墒停播或造墒播种。夏大豆播种至出苗期温度较高，无论采用何种播种方法，均要求适当深播厚盖保墒保出苗，覆土厚度以 3～5cm 为宜，过深子叶出土困难，过浅则种子容易落干。

3. 合理密植

夏大豆生长期较长，繁茂性好，密度一般比春大豆小。根据湖南各地实际情况，一般每亩保苗1.2万～2.0万株，在土壤肥沃的湘北平原地区种植，适宜保苗数在1.2万～1.5万株，地力中等土壤种植可保苗1.5万～1.8万株，瘠薄地或晚播的，每亩保苗宜在1.8万～2.0万株。一般密植程度的最终控制线是当大豆植株生长最繁茂的时候，群体的叶面积指数不宜超过6.5。

4. 及早管理

①早间苗，匀留苗。夏大豆苗期短，要早间苗和定苗，促进幼苗早发，以防苗弱徒长。间苗时期以第一片复叶出现时较为适宜，间苗和定苗须一次完成。

②早中耕。夏大豆苗期气温高，幼苗矮小，不能覆盖地面，此时田间杂草却生长很快，须及时进行中耕除草，以疏松土壤，防止草荒，促进幼苗生长。雨后或灌水后，要及早中耕，以破除土壤板结及防止水分过分蒸发，中耕可开展2～3次，须在开花前完成。花荚期间，应拔除豆田大草。

③早追肥。土壤肥力差、植株发育不良时，可在夏大豆第一复叶展开时进行追肥，一般每亩追施尿素或复合肥10～15kg，如遇天旱，可结合浇水进行施肥，可促苗早发健壮。夏大豆开花后，营养生长和生殖生长并进，株高、叶片、根系

继续增长，不同节位上开花、结荚、鼓粒同期进行，是生长发育最旺盛的阶段，需水需肥量增加，应在始花前结合中耕追施速效氮肥，一般每亩施用尿素 7.5～10kg。夏大豆施磷肥的增产效果显著，磷肥宜做基肥施入，也可于苗期结合中耕开沟施入。

④巧灌水。夏大豆在播种时或在苗期，常遇到干旱，有条件的地方应提早灌水，使土壤水分保持在 20%左右。花荚期若出现干旱天气，应及时灌水，保持土壤含水量在 30%左右，否则会影响产量。

（三）秋大豆高产栽培技术

秋大豆具有与春大豆和夏大豆不同的生物学特性，秋大豆具有与春大豆和夏大豆不同的生物学特性，对短日照反应敏感，在较长光照条件下，往往不能开花结实，因此，生产上秋大豆品种不宜春播或夏播，多在 7 月中下旬早稻收获后接种。为保证秋大豆获得较高的单位面积产量，可在以下方面加以重视：

1. 品种选择

秋大豆有栽培型和半栽培型泥豆两类品种，因泥豆属进化程度较低的半栽培型大豆，种皮褐色，籽粒小（百粒重 3～5g）产量低，品质差，生产上已被栽培型大豆代替。由于秋大豆品种生育期较长，7 月中下旬至 8 月上旬播种，多在 11 月中下旬后成熟，影响油菜和小麦等下季作物的种植，因此，近年又发展了春大豆品种秋播，可于 10 月中上旬成熟。

2. 及时开沟整地

秋大豆的前作若为水稻，播种前要在稻田中开"边沟"与"厢沟"，当水稻勾头散籽时开沟排水晒田，播前灌"跑马水"后进行耕耙再分厢作畦穴播。秋大豆播种正值夏、秋高温季节，因此播种前应精细整地，减少耕层中的非毛细管孔隙，并使土壤表面平整，有较细的土壤覆盖，这样可减少水分蒸发，保蓄耕层水分，但也可在稻田不耕地于稻田边点播。

3. 适时播种，适宜密植

在前作水稻收割后要及时抢播秋大豆，以 7 月中下旬至 8 月初为适宜播种期，在此范围内宜早不宜迟，最迟也要在立秋前播种。研究表明，秋大豆立秋前播种的比立秋后至处暑播种的量增产 20%～30%。秋大豆播种方法多采用穴播，行距 27～33cm，穴距 17～20cm，每穴播 4～5 粒种子，一般每亩保苗 2.0 万～3.0 万株，春大豆翻秋种植还可适当增加密度。

4. 加强田间管理

秋大豆生育前期处于高温干旱时期，不利于植株的营养生长，因此，秋大豆田间管理，苗期是关键。秋大豆出苗后，一是要及早间苗、补苗，以保证适当的种植密度促使苗齐、苗匀和苗壮。一般在 2 叶 1 心时补苗，2 片单叶平展时间苗，第一片复叶全展时定苗。二是及早追肥。秋大豆种植要早施苗肥，争取在较短的时间内达到苗旺节多，搭好丰产架子；中期重施花荚肥，促进开花结荚；后期适施鼓粒肥，防止早衰。同时做到氮、磷、钾结合，补施微肥，特别是硼肥。每亩施肥量一般为纯 N 8~10kg，P_2O_3 和 K_2O 各 5kg。磷钾肥作为基肥在整地时一次性施入，氮肥按基肥：花荚肥：鼓粒肥＝3：6：1 比例施用。在开花初期可喷施硼肥，在鼓粒中后期可喷施磷酸二氢钾叶面肥。三是及时灌水抗旱，及时防治病虫害。秋大豆播种期正遇湖南省的伏旱天气，对大豆出苗影响较大。如果播种时土壤过于干燥，播种后次日未下雨，应在傍晚灌一次"跑马水"，待土壤吸足水后立即排水，但切忌久浸，并将豆田畦沟内的余水彻底排干，也可于播种前进行沟灌，待畦面湿润后再播种，在播后放干沟中水。出苗后视旱情进行 2~3 次沟灌抗旱，确保幼苗健壮生长，减少落花落荚，并促进荚多粒壮。秋大豆苗期因高温干旱，大豆蚜虫危害严重，可在发生初期用 80% 敌敌畏 2000~3000 倍液，或 10% 速灭杀丁 2000~3000 倍液等，每亩喷药液 75kg 进行防治。大豆开花结荚期，用甲维盐、氯氰菊酯等防治多种食叶性害虫。四是及时中耕除草。化学除草可取得很好的效果，已逐步在生产中推广，在开沟整地前可用草甘膦清除田间杂草，播种后一两天（大豆出苗前）在地表湿润的情况下可喷芽前除草剂金都尔封闭土壤，封垄前有杂草时可结合中耕追肥培土进行人工除草，一般在第一复叶出现子叶未落时和苗高 20cm 搭叶未封行时分别进行。

（四）菜用大豆高产栽培技术

菜用大豆是指豆荚鼓粒后采青作为蔬菜的大豆，也称为毛豆或枝豆，一般每亩产 500~1000kg，种植效益高于收干籽粒的粒用大豆。长江流域春季早毛豆露地栽培上市期在 6 月份，若采用保护设施栽培 5 月底前即可收获上市。随着人类社会经济文化的发展，人民生活水平不断提高，人们的营养和饮食观念发生了很大转变，菜用大豆因其营养丰富、味感独特而深受国际社会，尤其是日本、韩国等国家及我国东南沿海广大民众的青睐。目前，菜用大豆除加工出口外，国内市场也十分畅销。因此，菜用大豆生产是一项短平快、高效益的种植业，是农民致富的好门路。

菜用大豆不是一般的大粒型大豆品种，而是有专门要求的品种，关于菜用大豆的品质要求和高产高效栽培技术如下：

1. 菜用大豆品质标准

（1）外观品质

外观是菜用大豆最重要的商品品质之一。菜用大豆外观应具有以下特点：粒大，干籽百粒重不小于 30g；荚大，500g 鲜荚不超过 175 个荚；粒多，商品荚每荚粒数应在 2 粒以上；荚和籽粒颜色浅绿，荚上茸毛稀少且为白色或灰色；脐色较淡。干籽百粒重 29.72~34.58g，鲜百粒重 60.79~70.55g，鲜荚皮宽 1.45~1.62cm，鲜荚皮长 5.24~5.98cm。

（2）食味品质

食味品质表现在甜度、鲜度、口感、风味、质地和糯性等方面。菜用大豆籽粒含淀粉 5.57%（普通大豆 3.86%）、总糖 6.19%（普通大豆 4.82%）、纤维素 3.32%（普通大豆 5.21%），与普通粒用大豆相比，菜用大豆含有较高的糖分、淀粉量和较低的粗纤维，因而具有柔糯香甜的口感。一般认为，甜度高的菜用大豆口感好，而糖的含量是影响甜度的重要因素，其次为游离氨基酸的含量。菜用大豆籽粒中蔗糖、谷氨酸、丙氨酸和葡萄糖含量与食味口感呈正相关。菜用大豆的质地受影响的因素相对复杂，但普遍认为硬度低的菜用大豆易蒸煮，品质相对较好。另外，菜用大豆在加工时产生的挥发性物质也会影响其食味品质，例如芳樟醇等具有花香味，而 1-辛烯-3-醇、乙醇、乙醛等则具有豆腥味。

（3）营养品质

菜用大豆的营养品质是决定其利用价值的重要因素。大豆籽粒中包含有 40% 以上的蛋白质和 20% 左右的脂肪，大豆蛋白质中氨基酸种类齐全，并且包含了赖氨酸、谷氨酸、亮氨酸、精氨酸等 10 种人体必需的氨基酸，因而具有很高的营养价值。菜用大豆中含有丰富的禾谷类作物所缺乏的赖氨酸，其籽粒中游离氨基酸含量比粒用大豆高出近 1 倍。此外，还含有 Ca、Fe、Mg 等矿物质和维生素及粒用大豆所缺乏的维生素 C（27mg/100g）。菜用大豆所含脂肪是一种高品质油，菜用大豆是一种营养价值高的天然绿色产品。

（4）菜用大豆品质等级标准

出口菜用大豆要达到的标准是大荚（2 粒以上的荚）、大粒，茸毛灰白色，种脐无色，荚长大于 4.5cm，荚宽大于 1.3cm，鲜荚每千克不超过 340 个。产品可分三级：一是特级品，标准为两、三粒荚在 90% 以上，荚形状正常，完全为绿色，没有虫伤和斑点；二是 B 级品，标准为两、三粒荚在 90% 以上，荚淡绿色，有 10% 以下的微斑点、虫伤或瘪形，并且有短荚或籽粒较小的荚；三是 A 级品，介于特级品与 B 级品之间。

在这三个等级产品中，都不能混有黄色荚、未鼓粒荚和破粒荚，否则都列为次品。

2. 影响菜用大豆品质的因素

（1）采收期对品质的影响

要获得优质豆荚应做到以下两点：首先，要注意防治病虫害，一旦遭受病虫害后，品质就显著降低；其次，要科学掌握采收时间，采收期对口感、荚色和鼓粒程度有很大的影响。游离氨基酸的含量随鼓粒时间的推迟呈下降趋势，尽可能适时收获可获得较高的游离氨基酸含量。总糖含量在花后 35 天时维持较高水平，少于 35 天或多于 35 天的总糖含量都会降低。荚色则以花后 40 天最鲜绿。因此，要根据不同品种的生育特性和养分累积的特点，掌握适宜的采收期，才能获得外观、口感风味和营养含量俱佳的菜用大豆。一般来说，采收时间以花后 33~38 天为宜。

（2）保鲜技术对品质的影响

菜用大豆是属于高呼吸速度的蔬菜类型，南方采收菜用大豆后又处于高温季节，因此如何保持其优良品质就十分重要。据研究，采后置 20~28℃ 8 小时，总糖含量下降 18%；24 小时后，下降 32%；48 小时后，下降 52%。置于室温 26℃ ±2℃、相对湿度 66% 以下的环境，菜用大豆的游离氨基酸明显下降，其中，丙氨酸和谷氨酸分别减少 2/3 和 1/2。若采收后迅速置于 0℃ 下冷藏，48 小时内总糖含量不会变，游离氨基酸也下降较少。采后贮藏的温度愈高，鲜荚失重也愈大。采后用聚乙烯袋包装，置于 5℃ 下冷藏 16 天，鲜重仅减少 1%，而用网袋包装的失重要达 20%。荚色随贮藏温度和时间而变化，贮藏时间愈长，荚色变化愈大，在 0℃ 下贮藏，荚色变化较小。鲜荚用聚乙烯袋包装置于 0℃ 下冷藏，能保持良好的质地。无论采用何种包装和冷藏温度，荚中维生素 C 含量均呈下降趋势，但仍以 0℃ 下冷藏的损失最小。总之，菜用大豆采收后要十分注意保鲜技术，对保持菜用大豆的品质尤其重要。

3. 菜用大豆高产栽培技术

（1）选用良种

优良品种是高产高效的前提。生产上应用的主要品种大多是从亚蔬中心

（AVRDC）和日本引进，如台 292、台 75、台 74、日本矮脚毛豆等，国内也已相继育成了一批早熟、高产、优质、抗逆性强、适应性强的菜用大豆新品种。

（2）适期早播

菜用大豆适宜在 20~30℃气温和短于 14 小时光照的短日照条件下生长。长江以南地区每年 2—8 月均可分期分批播种栽培。春毛豆一般海拔 500~800m 地区以 1 月下旬至 3 月中旬播种为宜，海拔 800~1300m 地区以 2 月中旬至 3 月下旬播种为宜，1300m 以上地区以 4 月上旬前播种为宜。春季低温条件下采用保护地栽培，这样既可防止低温烂种，又可保证早出苗、出好苗，同时会预防春旱和提早成熟。

（3）合理密植

合理群体的种植方式是协调群体与个体之间矛盾，最大限度地保证群体产量的重要措施。合理的种植密度要视土壤肥力和种植方式的不同而定，共同的规律是肥地宜稀、瘠地宜密。衡量种植密度是否适宜，还可以根据叶面系数的变化来确定。据研究，菜用大豆开花期的叶面积系数应达到 3~3.2，结荚期应达到 3.7~4.0，鼓粒采荚时应下降到 3.5 左右。一般每亩播种 0.8 万~1 万穴，每穴播种 3~4 粒。出苗后第一片复叶出现时进行间苗和补苗，每穴留苗 2 株。

（4）科学施肥

菜用大豆是需肥较多的作物。大豆生育阶段对氮的吸收一般是两头少中间多，而对磷的吸收则是两头多中间少。因此，菜用大豆栽培时应重施底肥，一般每亩施腐熟有机肥 1000~1500kg（其中，磷肥不少于 50kg）；追肥赶早，2 片子叶平展时即每亩追施尿素 5~10kg，促进幼苗生长；4 片 3 出复叶时每亩再追施 5~10kg 尿素，促进植株分枝；终花期用 0.5%磷酸二氢钾、0.05%钼酸氨叶面喷施补肥，促进结荚和鼓粒。对未种过大豆的土地，接种根瘤菌增产效果显著。方法是：菌粉 20g 加水 500mL 拌种 5kg，拌种时避免阳光直射，拌种后种子微干即可播种。

（5）精耕细作

菜用大豆栽培宜选用土层深厚、疏松肥沃、排灌方便土壤，翻耕晒白后整畦浅播，切忌连作。结合追肥进行中耕除草，特别要注意苗期锄草和松土。苗期锄草，不但可以及早消灭杂草危害，而且可以疏松土壤，增加土壤通透性，提高土温，促使根瘤尽早形成，有利于大豆根系生长和对养分的吸收，增强抗逆性。另外，开花鼓粒阶段若遇干旱要及时灌溉。

（6）综合防治病虫害

菜用大豆病虫害宜采用综合农业措施进行防治，以防为主。如选用抗病虫良种、使用包衣种子、深耕晒土轮作套种、及时中耕除草加强管理等，创造不利于病虫害滋生的生态环境，减少病虫危害。对害虫可进行诱杀捕捉，药剂防治要采用低毒低残留农药，禁止使用有机磷剧毒农药，注意收获前 20 天禁止使用农药，确保产品质量。可用多菌灵 800 倍液防治根腐病和锈病等，用菜喜 500～800 倍液防治蚜虫、食心虫、豆荚螟等害虫，用甲基托布津、代森锌、多菌灵等药剂可防治灰斑病等。鼓粒以后，注意防治鼠害，可用 4% 灭雀灵毒饵诱杀。配制方法：取清水 250g 放于容器中，置炉子上煮沸，放入灭雀灵 20g，待充分溶解后，再加入 500g 小麦粒（或米粒），同时加水至高出小麦粒 2～3cm，边加热边搅拌，烧干冷却，在晴天傍晚摆放在田埂边、鼠洞口和大豆植株行间，防鼠效果较好。

（7）适时采收

菜用大豆的品质决定于品种特性和采收时期两个主要因素，过早或过迟采收都会降低品质和口感，因此，一定要严格掌握采收时间。花后 45 天至豆荚转为熟色时为最佳采荚期，然而不同品种有差异，应掌握在鼓粒饱满、豆荚皮仍为翠绿色时采收。一天之中早晨和傍晚气温较低，此时采收品质最好。采收后应迅速分拣包装，不能堆积，最好用聚乙烯袋封装置于 0℃下储藏保鲜，以免营养成分散失和鲜荚失色而影响品质。一般生产地距加工处的中途运输不能超过 6 小时，有条件的可用冷藏车运输。

（五）田埂豆高产栽培技术

南方农民种植田埂豆历史悠久，各省均有一定的田埂豆种植，但省与省之间、城市与城市之间、县与县之间，甚至乡镇与乡镇之间都存在着差异。种植最多的是福建省和江西省。发展田埂豆不与粮争地，省工省本效益好，增肥又防虫，可达到粮豆双丰收。同时，田埂种豆后，豆叶、豆秆可以回田，增加稻田的有机肥。因此，南方发展田埂豆前景广阔，例如湖南有水田 6000 多万亩，可发展早、晚稻双季田埂豆。

1. 因地制宜，选用良种

山区水田的生态条件极为复杂，形成了各种类型的田埂豆品种，加上大豆引种的适应面较窄（尤其是地方品种的引种），所以，各地应根据本地的条件选用良种种植。目前，育成的田埂豆品种还很少，各地除积极引种试种外，主要从当地的田埂豆地方品种中进行筛选，提纯去杂，从中选出优良的品种进行推广。湖南的田埂豆以夏大豆品种居多，近年来发展了双季田埂豆，用春大豆做早季田埂豆，秋大豆做晚季田埂豆，一年种植两季，取得了很好的增产效果。

2. 掌握季节，适时播种

播种期要根据当地的气候和农事季节而定，各地应根据早稻插秧情况进行安排，抢时间播种，不要延误农时，一般在早稻插秧后种植田埂豆。根据湖南省条件，田埂种植夏大豆一般在立夏至芒种播种较好，南部则可适当迟些，西北部可早些，低海拔地区可迟些，高海拔地区要早些。

3. 培育壮苗，剪根移栽

田埂豆最好的种植方法是育苗移栽，其可以培育壮苗，保证一定密度和一定的穴株数，不会种植过稀或过密，是保证田埂豆高产的技术措施之一。

育苗移栽的方法是：选择菜园地或砂壤土的田块，将表土锄松 3~5cm，整成宽 2~3m 的苗床播种。播种要均匀，密度以豆种不重叠为宜，播后用细砂土或火烧土均匀覆盖，以不见种子露面为准。待真叶露顶时起苗移栽，移栽时要把豆苗的主根剪去一些，以免主根太长不便于移栽，并且剪断主根后可促进侧根的发展，增强吸肥吸水和抗倒伏的能力。

4. 合理密植，增施磷钾肥

种植田埂豆的田埂要求较宽，离稻田水面较高，一般离水面 20~25cm，这样便于水田操作，以免踏伤豆苗，同时为大豆生长创造良好的土壤环境，不会因水分饱和而影响根系生长。移栽前要锄去田埂上和田畔的杂草，预备好火烧土或草木灰等杂肥，堆制 3~5 天，做穴肥施用。移栽时用小锄挖穴，每穴栽苗 2~3 株，用泥浆压根，上盖经堆制的火烧土等土杂肥。种植株距依品种而定，主茎型品种可栽密一些，分枝型的品种则要稀一些，一般株距 25~30cm。待第一复叶展开后，要立即追施一次草木灰，在花芽分化期还要施一次肥，以有机肥混磷肥施用的效果最好。在大豆花芽分化期每亩田埂施用过冬的细碎牛粪 70~100kg 拌过磷酸钙 60~75kg，或菜籽饼 200kg 拌火烧土 300kg，再加适量人尿调湿后施用，均具有显著的增产效果。

5. 加强管理，适时收获

田埂豆移栽一个月左右时，要再将豆株基部和田埂上的杂草除净，并用少量磷肥和土杂肥拌泥浆糊蔸，以利于根系生长。开花前进行第二次除草，并培土，以防倒伏。苗期和花期注意防治蚜虫、豆青虫等。锈病严重地区，在花前期和结荚初期，用粉锈宁或代森锌喷雾防治。大豆黄熟后，水稻收割前要选择晴天适时收获摊晒。

（六）红黄壤大豆高产栽培技术

红黄壤是南方种植大豆的主要土壤类型，面积约占全国土地总面积的23%。在特定的地理位置、气候条件和生物等因素的共同作用下形成的红黄壤，具有酸性强、有机质含量低、矿物质养分不足、土质黏重板结和耕性不良等特点，对大豆的生长不利。

1. 选用良种

新垦红黄壤缺磷钾，土层薄，酸性大，肥力差，易干旱板结，因此，生产上要选用耐酸、耐瘠、耐旱的高产品种。同时为避开夏季高温干旱，最好选用中早熟春大豆品种，在长江中游区域，可选用耐酸、耐瘠、耐旱性较强的湘春、浙春和中豆系列春大豆品种作为红黄壤开发的先锋作物。

2. 适时早播

新垦红黄壤地一般都没有灌溉设施，大豆所需的水分主要靠降雨提供，加上新垦红黄壤多处于低丘台地，径流严重，保水性能差，因此，要适时早播，充分利用3—6月的雨水条件，保证春大豆有适宜的生育期，并在伏旱来临前的6月底或7月初能成熟，有利于高产。

3. 确定合适密度

新垦红黄壤肥力差，豆苗生长矮小，不容易分枝，因此要适当增加密度，以利于群体获得高产。确定密度还要考虑品种的特性（如株型）和红黄壤开垦利用的时间等，株型紧凑或新垦红黄壤的种植密度宜密些；株型较松散已垦种几年的红黄壤，其种植密度宜稀些。一般红黄壤每亩种植2.5万~3.0万株，新垦红黄壤种植3万~4万株为宜。

4. 适当增施肥料

大豆在新垦红黄壤种植生长发育所需养分主要靠施用肥料，在施肥方法上要以有机肥拌磷肥做底肥，一般每亩施用有机肥1000~2000kg，磷肥20~30kg。追肥则以氮、钾为主，每亩总追肥量一般尿素10~20kg，氯化钾10~20kg，其中苗肥施用量应占总追肥的60%~70%，化肥占总追肥量的30%~40%。

5. 宜勤中耕松土

新垦红黄壤种植春大豆，苗期中耕的次数要比一般春大豆多些，才能改善土壤环境，有利于根系生长和根瘤菌固氮。有条件的地方，开花前可在晴天中耕3~4次，以保持土壤疏松通气，同时要注意防治病虫害与及时收获。

（七）大豆间套作高产高效栽培技术

大豆能肥地养地，耐阴抗倒性较好，而且生育期较短，适合与其他作物间套作。长期以来，农民有很多间套种大豆的经验，大豆间套作的作物种类及方式也多种多样，概括起来湖南大豆间套作模式主要有大豆与玉米间套作，大豆与春玉米、红薯间套作，春大豆与棉花间套作，春大豆与棉花、油菜间套作；大豆与幼龄果、茶（油茶）林园间作，大豆与甘蔗间作。为获得大豆与间套作作物的双丰收，将上述间套作模式的高产高效栽培技术总结如下：

1. 大豆与玉米间套作

（1）春大豆与春玉米间作

①间作模式。

具体的间作方式应根据水肥基础与对作物要求而定。一般水肥条件较好的地块宜采用以玉米为主的间作方式，肥力水平一般的地块，最好采用以大豆为主的间作方式。为实现玉米大豆和谐共生，玉豆双高产，宜采用玉米大豆带状复合种植新模式。

②品种选择。

间作时品种搭配非常关键，要通过试验筛选合适品种。间作大豆品种一定要选择有限结荚习性，株高较低，秆强不倒伏，叶片透光性好，结荚较密，不裂荚，生育期比玉米短或和玉米基本一致，单株产量较高的耐阴性品种。玉米株形紧凑可减轻对大豆的荫蔽危害，利于大豆生长和产量的提高，因此，间作玉米品种宜选择株形紧凑，叶片上举，结穗部位和株高相对较矮的品种。

③整地做厢。

玉米间作大豆的旱土，最好能在年前翻耕，由此来进行晒坯冻垡，加速土壤矿物养分的释放分解。翻耕深度要求达到 20~27cm。整地要求土地细碎，松紧适度，厢面平整，无石砾杂草，厢沟通直。耕地杂草过多，先进行化学除草，待杂草枯死后再整地。

④施足底肥。

底肥以有机肥为主，每亩施厩肥 1000~1500kg，同时混施过磷酸钙 50kg，硫酸钾 7.5~10kg，或 25%复混肥 50kg，结合整地时施下。

⑤查苗、间苗、定苗。

播种 7 天左右，及时上地查看玉米、大豆的出苗情况，土表较为板结的地块，要轻锄破土助出苗，出苗时要注意预防地老虎危害。出苗后在玉米 3 叶期前后及时间苗、定苗，每蔸留大小整齐一致的玉米苗子 1 株。大豆一般以每蔸留 2 株苗为宜，间苗、定苗与玉米同时进行。

⑥追肥。

玉米追肥分苗肥和穗肥，可在 5 叶期左右结合中耕培土追施苗肥 1 次，每亩施尿素 5~7.5kg，大喇叭口期重施穗肥，每亩用尿素 30kg、碳铵 30kg 混合穴施。施肥时应与玉米植株保持一定距离，并及时覆土，避免产生肥害和养分流失。土壤瘠薄、苗子瘦弱的大豆可在第一复叶期酌情追施苗肥，始花期结合中耕每亩施尿素 2.5~5kg，盛花期至结荚期，长势不旺的田块可进行叶面施肥，每亩用 1%的尿素溶液加 1%磷酸二氢钾喷施。

（2）夏大豆与春玉米套作

①抓好玉米与大豆的品种搭配。

玉米与大豆应选择适宜套作品种。玉米宜选用株形紧凑、叶片收敛、中矮秆的早中熟春玉米品种。若玉米品种株形高大，会使共生期间大豆植株难以充分利用光照而导致幼苗退化，缺窝、缺苗现象严重，使目标密度及产量难以实现。大豆要选用耐阴、抗旱、抗倒的中晚熟夏大豆品种，有利于套作大豆光合产物的形成、积累和产量的提高。

②优化配置，合理密植。

采用高畦东西行向种植，畦宽 1.0m，每畦种 2 行玉米，1 行夏大豆，宽窄行种植时，宽行内种 1 行夏大豆。播大豆时，穴距 30~40cm，每穴播种 4~5 粒，出苗后每穴定苗 2~3 株。一般光照偏少地区种植密度宜稀，光照较好地区密度宜疏。

③适时播种，确保齐苗。

春玉米和套种的夏大豆均以早播为佳，这样有利于避开生长中后期秋旱的影响，增收的指数就大大增加。一般在 3 月中旬播种春玉米，5 月中下旬至 6 月中旬夏播大豆，海拔偏高的播期可适当偏早，海拔偏低的播期可适当偏晚，但均应抓紧雨前雨后抢时播种。

④实施矮化，控旺防倒。

为了确保玉米与大豆和谐利用光热资源，玉米和大豆可实施矮化控旺防倒。大豆可在播种前用烯效唑干拌种，每千克种子用5%的烯效唑可湿性粉剂16~20mg，在塑料袋中来回抖动数次即可，还可在大豆分枝期或初花期每亩用5%的烯效唑可湿性粉剂50~70g，兑水40~50kg均匀喷施茎叶。玉米可在10~12叶展开时喷施玉米健壮素水剂25~30g，兑水15~20kg均匀喷施于玉米的上部叶片上。

⑤适时收获，秸秆还田。

过早、过迟采收大豆和玉米均影响产量。大豆应在籽粒干浆、豆荚和茎叶变黄时抢晴及时收获，将收割后的豆株移至晒场晾晒脱粒，籽粒晒干（水分含量低于13%）存放在干燥的仓库中，凋落的大豆叶还地肥田。玉米在籽粒基部形成黑层，秸秆80%穗皮黄而不干，植株苞叶变黄松散时将玉米果穗连苞叶一起及时采收，收后挂晒晾干脱粒，玉米秸秆及时砍倒顺放空行或沟中腐熟，增加土壤有机质含量和下茬作物肥效养分。

2. 大豆与春玉米、红薯间套作

（1）因地制宜，选择良种

春玉米、春大豆、红薯间作套种技术，关键是两季作物品种的配套选用。原则上既要充分利用当地的气候资源、实现两季高产，又要处理好防御早春低温寒潮对玉米、大豆出苗、全苗的危害和红薯迟插影响高产的矛盾。

（2）整好土地，施好基肥

玉米和大豆、红薯均是旱地作物，加之湖南省春夏雨量集中，排水不畅易造成渍害，烂种缺苗，要选择地下水位低、排水方便的田土，要求土层深厚、结构疏松的砂壤土。做到在冬前深翻耕、早翻，让其晒坯冻垡，低洼地开好排水沟。播种前浅耕1次，并按每亩230担农家肥、尿素10kg、过磷酸钙40kg标准施好底肥。

（3）适时播种

为了夺取全年高产，头季玉米、大豆适时播种很重要。玉米、大豆最佳播期在3月中下旬，应抢晴天在清明前后进行玉米、大豆同时播种。玉米每蔸播种2~3颗，大豆每蔸播种3~4颗，播后每亩用60kg磷肥拌20担优质火土灰给玉米、大豆盖种。5月下旬红薯套种在大豆的预留行内和大豆与玉米行间。

（4）加强管理、确保丰收

①查苗补苗，匀苗间苗。

大豆出苗后，如发现缺苗即应补种，补种的种子可先在水中浸泡 3 小时左右，天旱时应带水补种，以保证如期出苗；玉米应用预先育好的预备苗移栽补缺；红薯应在播后 3~5 天内查苗补蔸。玉米在出苗后 3 叶期间苗、5 叶期定苗；大豆出苗后在子叶展开到出现真叶时间苗，出现第一复叶时定苗。

②中耕培土，巧施追肥。

玉米、大豆出苗后，结合中耕，对玉米每亩追施大粪水 2~3 担做提苗肥。玉米、大豆中耕 2~3 次，玉米在拔节后抽春穗前浅中耕结合培土，以防倒伏；大豆在开花前进行中耕培土；红薯在玉米、大豆收割后，立即挖翻玉米、大豆行的土，同时每亩用栏肥 20 担左右做基肥，开沟做垄。巧施追肥 1~2 次，玉米以氮素化肥为主，重施穗肥；大豆、红薯以磷酸二氢钾为主，大豆在开花结荚期间，红薯在后期进行 2 次叶面喷施，长势较差的可加 1%~2% 的尿素液。

③防治病虫，灌溉排水。

搞好病虫预测报，如发生病虫害及时防治。多雨季节应开沟排水，干旱时科学灌水。玉米在抽雄穗前 10 天到抽雄穗后的 20 天对水分相当敏感，大豆在开花结荚时，耗水最多，红薯在植株呈现萎凋现象时，要设法灌水抗旱，做到随灌随排，切忌大水灌溉，或久灌不排。

（5）保护茎叶，辅助授粉

玉米种植在工作行边，进行生产操作时，注意不要损坏其茎叶。玉米在生育后期去掉枯老叶，有利于通风透光，同时进行去雄和人工授粉，有良好的增产作用，操作方法是：当玉米雄穗露出 1/3 时，隔株拔除雄穗。当果穗吐丝盛期时，上午 9—10 时赶动植株，进行人工授粉。隔 2~3 天 1 次，连续 2~3 次。红薯中耕应在封垄前进行，封垄及早结束中耕，不翻蔓，以免损伤红薯茎、叶，影响产量。

（6）适时收获，保产保收

玉米穗茎叶变白，大豆大部分叶片脱落，籽粒变硬时，即达到成熟标准，应及时收获，便于红薯生产。红薯没有明显的生长终止期，但应在低温霜害来临前抓紧收获。

3. 棉田间作春大豆

随着杂交棉花在我国长江流域的普及，早熟大豆品种的育成与推广，棉田间种大豆技术不断成熟，种植的主要技术如下：

（1）施足基肥，精细整地

大豆播种前对棉田进行深耕细整，做到地平土细，并结合整地每亩施农家肥 1000kg、过磷酸钙或钙镁磷肥 50kg、碳铵 50kg 做底肥，之后开沟作畦，并挖好三沟。

（2）棉花育苗移栽

3 月底、4 月初进行棉花营养钵育苗，4 月底、5 月初移栽至大田，在厢两边各移栽 1 行，并控制行宽在 1.2~1.6m，株距为 50~55cm，确保棉花密度在每亩 1000~2000 株。亦可采用 4 月中旬直接点播棉花。

（3）大豆间作技术

①选用良种，适时播种。

大豆应选用与棉花共生期相对较短的湘春豆 26 等早熟高产优质春大豆品种，劳动力充足的近郊区还可选用早熟高产菜用大豆品种。棉花间种菜用大豆是棉田增收的高效间种模式，对棉花影响很小，同时可获得较高的经济效益。4 月初在畦中间点播大豆，播种前接种根瘤菌，以增加根瘤数量，提高固氮能力。出苗后及时间苗，同时做好查漏补缺。中耕除草要早而勤，一般中耕三次，苗前实施化学除草。

②喷施多效唑。

在初花期至盛花期，可适宜浓度的多效唑溶液均匀喷施叶片的正反面，这样可抑制营养生长，促进生殖生长，提高单株结荚率和结实率。

③及时巧追肥。

在苗期，视苗情适量追施尿素，促使早发苗；开花期应适量追施尿素 3~5kg、磷钾复合肥 20kg。长势差的宜多施，长势健壮茂盛的应少施或不施尿素。结荚鼓粒期叶面喷施磷酸二氢钾、钼酸铵等微肥，每次每亩用磷酸二氢钾 50g、钼酸铵 15g、硼砂 50g，用热水溶解加入 25kg 清水均匀喷施于植株茎叶上。

四、大豆的收获、贮藏与秋繁

（一）大豆收获时期

收获是保证种子质量的关键，收获不当会使种子出现青籽、烂籽、扁籽、发芽率降低，影响种子质量。因此，大豆的适时收获非常重要，俗话说"豆收摇铃响"，其收获通常应等到 95% 的豆荚转为成熟荚色，豆粒呈现品种的本色及固有形状，而且豆荚与种粒间的白色薄膜已消失，手摇植株豆荚已开始有响声，豆叶已有 3/4 枯黄脱落，茎秆转黄但仍有韧性时为大豆的最适宜收获时期。收获过早或过晚都会对产量和质量产生影响，但在成熟期多雨低温情况下不落叶或落叶性不佳的品种，应视豆荚的颜色及豆荚成熟情况而定。

（二）大豆收获脱粒方法

南方收获大豆，一般都是人工用镰刀收割，最好趁早上露水未干时进行，因为此阶段收割，一方面，植株不很刺手，便于收割；另一方面，不容易炸荚掉粒，可减少损失。用机械收获必须在完全成熟和干燥后收获。收获后应及时将豆株摊开带荚暴晒，当荚壳干透有部分爆裂时，再进行脱粒，这样不仅可防止种皮发生裂纹和皱缩，而且有利于大豆种子的安全储藏。目前脱粒主要有以下四种方法：

1. 人工脱粒

作为繁种来讲，这是一种较为理想的脱粒方法，减少了烂粒、扁粒的产生，种子外观及种子净度均较好。此方法先把豆株摊均匀晒干，用棍、棒捶打，使豆荚裂开而将籽粒脱出，达到脱粒的目的。

2. 机动车（四轮）脱粒

此方法是在晒场上均匀摊开豆垛，厚度不超过 0.33m，再用机车压在豆株上，并用叉子上下翻株，即可将豆荚压开使豆粒脱下。但要注意车轮不要太靠近周边，以免豆株较薄的地方烂籽。

3. 机械脱粒

用动力带动脱粒机脱粒。利用脱小麦的脱粒机收脱大豆，一定要把辊筒的转速降低到 600 转/分以下，通过更换成大皮带轮、辊筒轮，实现降低转速，防止烂籽、扁籽，保证种子质量。

4. 大型机械脱粒

北方农场大面积繁种采用联合收割机边收边脱粒。要掌握好收割时间，宜在晴日上午 9—11 时，下午太阳就要落时收获。早收有露水，豆粒含水量大不易脱粒，晚收炸荚造成产量损失，割茬高度宜在 5~6cm 为宜。

（三）大豆种子干燥和贮藏

脱出的豆粒应及时晾晒，避免霉烂，影响发芽率。留种用豆粒除去杂质后，随即晒 1~2 天，并进行筛选或溜选，剔除虫粒、霉粒、破碎粒及小粒后再晒 1~2 天，使种子含水量和净度达到国家标准。南方春大豆收获正值高温季节，特别在中午时，地面温度可高达 40℃左右，切忌将大豆直接置于水泥坪上暴晒，避免高温烫伤种子，影响种子发芽率和商品价值。大量种子还可用设备烘干。

大豆种子富含蛋白质和脂肪，两者一般占 60%~65%，蛋白质是一种吸水力很强的亲水胶体，容易吸收空气中的水汽，增加种子的含水量。大豆种子中不但蛋白质等亲水胶体的含量高，而且种皮薄，种皮和子叶之间空隙较大，种皮透性好，发芽孔大因而吸湿能力很强，在潮湿的条件下极易吸湿返潮。在大豆种子吸湿返潮后，体积膨胀，极易生霉菌，开始表现豆粒发软，种皮灰暗泛白，出现轻微异味，继而豆粒膨胀，发软程度加重，指捏有柔软感或变形，脐部泛红，破碎粒出现菌落，品质急剧恶化。大量贮藏时料堆逐渐结块，严重时变黑并有腥臭味。料堆大豆吸湿霉变现象多发生在料堆下部或上层，下部主要来自吸湿，上层主要来自结露，深度一般不超过 30cm。吸湿霉变的大豆往往都会出现浸油赤变。一般情况下，大豆水分超过 13%，无论采用何种贮藏方法，豆温超过 25℃时即能发生赤变，其原因是在高温高湿作用下，大豆中的蛋白质凝固变性，破坏了脂肪与蛋白质共存的乳化状态，使脂肪渗出呈游离状态，同时色素逐渐沉积，致使子叶变红，发生赤变，发芽率丧失。

大豆从收获到播种或加工大多都需要经过一段时间的贮藏，由于大豆籽粒贮藏过程中会发生一系列复杂的变化，将直接影响大豆的加工性能和产品的质量，若做种用则影响种子发芽率。因此，掌握和控制贮藏变化条件，对防止大豆在贮藏过程中发生质变非常重要。

1. 严格控制入库贮藏水分和温度

在实际生产中安全贮藏水分是很有用处的。大豆种子安全贮藏水分含量为 12%，如超过 13%，就有霉变的危险。因此，大豆脱粒后必须对种子进行干燥，使含水量降低到 13% 以下，尤其是留作种用的大豆。要达到贮藏的安全水分有两种方法：一是采用自然晾晒法；二是用烘干设备（烘干机或烘干室）机械化干燥种子。只要气候条件许可，日晒法简单易行，经济实用，但劳动强度大，适合少量种子。机械烘干是降低大豆水分的有效措施之一，具有效率高、降水快、效果好、不受气候限制等优点，但缺点是设备投资大，成本高，操作不当易引起焦斑和破粒，而且会使大豆的光泽减退，脂肪酸价升高，大豆蛋白质变性等。因此，在烘干大豆时应根据水分高低采用适宜的温度，通常烘干机出口的豆温应低于40℃。可用于大豆干燥的设备很多，有辊筒式、气流式热风烘干机，流化床烘干机及远红外烘干机等。无论是经过晾晒或烘干的大豆种子，均应经过充分冷却降温后方可入仓贮藏。

2. 及时进行通风散热散湿

新收获入库的大豆种子籽粒间水分不均匀，加上还须进行后熟作用，会放出大量湿热并在堆内积聚，如不及时散发，就会引起种子发热霉变。因此，在贮藏过程中要保持良好的通风状态，特别是种子入库21～28天时，要经常、及时观察库内温度湿度变化情况，一旦发生温度过高或湿度过大，必须立即进行通风散湿，必要时要倒仓或倒垛，使干燥的低温空气不断地穿过大豆籽粒间，这样便可降低温度，减少水分，以防止出汗发热、霉变、红变等异常情况的发生。通风往往要和干燥配合，通风的方法有自然通风和机械通风两种。自然通风是利用室内外自然温差和压差进行通风，它受气候影响较大；机械通风就是在仓房内设通风地沟、排风口，或者在料堆或筒仓内安装可移动式通风管或分配室，机械通风不受季节影响，效果好，但耗能大。

3. 及时进行低温密封贮藏

大豆种子富含有较高的油分和非常丰富的蛋白质，在高温、高湿、机械损伤及微生物的综合影响下，很容易变性，影响种子生活力。因此，在贮藏大豆种子时，必须采取相应的技术措施，才能达到安全贮藏的目的。

低温贮藏对大豆品质的变化速率影响较大。低温能够有效的防止微生物和害虫的侵蚀，使种子处于休眠状态，降低呼吸作用。大豆是不耐高温的，需要在低温下贮藏才能保持它的品质。安全水分下的大豆，在20℃条件下，能安全贮藏2年以上；在25℃条件下能安全贮藏18个月左右；在30℃条件下，安全贮藏8～10个月；在35℃条件下，只能安全贮藏4～6个月。

低温贮藏主要是通过隔热和降温两种手段来实现的，除冬季可利用自然通风降温外，一般还需要在仓房内设置隔墙、绝热，并附设制冷设备，此法一般费用较高。

密闭贮藏的原理是利用密闭与外界隔绝，以减少环境温度、湿度对大豆籽粒的影响，使其保持稳定的干燥和低温状态，防止虫害侵入。同时，在密闭条件下，由于缺氧，既可以抑制大豆的呼吸，又可以抑制害虫及微生物的繁殖。密闭贮藏法包括全仓密闭和单包装密闭两种。全仓密闭贮藏时建筑要求高，费用多；单包装密闭贮藏，可用塑料薄膜包装，此法用于小规模贮藏效果好，但也应注意水分含量不宜高，否则亦会发生变质。

南方春大豆从7、8月收获到次年3月播种，贮藏期长达7个多月，其贮藏期间处在秋、冬、春季节，秋季高温不利于大豆安全贮藏，冬、春多雨，空气湿度大，露置的种子容易吸潮。秋大豆11月收获到次年7月底8月初播种，贮藏期长达8个月，其贮藏时间要经过多雨高湿的春季，高温的夏季，种子最易变质。因此，春、秋大豆均应在种子干燥后采用低温密闭贮藏，少量种子最好用坛子、缸子盛装，再用薄膜将坛口密封，压上草纸、木板、砖头等，以防受潮，到播种前10天左右启封，再晒一两天即可播种。但要注意装过化肥、农药、食盐的瓦坛均不能用，种子入坛时不能装满，要留一定空间，以保证种子的微弱呼吸。大量大豆种子只要种子干燥程度好，可用麻袋装好放在防潮的专用仓库里贮藏。种子仓库要具备坚固、防潮、隔热、通风密闭等性能，种子入库前必须对库房进行彻底清扫，并进行熏蒸和消毒。贮藏时麻袋下面可用木头垫好，离地30cm，堆积高度不能超过8袋，贮藏过程中要经常检验种子温度、湿度等情况，发现种子堆温度上升、种子变质等现象，应及时采取降温、降湿等补救措施。

4. 化学贮藏法

化学贮藏法就是大豆贮藏以前或贮藏过程中，可在大豆中均匀地加入某种能够钝化酶、杀死害虫的药品，从而达到安全贮藏的目的。这种方法可与密闭法、干燥法等配合使用。化学贮藏法一般成本较高，而且要注意杀虫剂的防污染问题，因此，该法通常只用于特殊条件下的贮藏。

（四）春大豆秋繁高产栽培技术

南方春大豆播种期正值低温多雨季节，加上大豆蛋白质、脂肪含量高，种子的吸湿性强，耐贮性较差，特别是粒大质优的黄种皮大豆，常因贮藏不善，种子生活力不强，造成烂种缺苗，这是当前春大豆生产上存在的突出问题。7月收获的春大豆种子，晒干后随即播种，10月再次收获的种子留作第二年春播的大豆种子，即为春大豆秋繁留种，或叫春大豆翻秋留种。秋繁留种是生产高活力种子的一项有效措施，某些品种翻秋留种很有必要。

春大豆秋繁种子，贮藏期为当年10月下旬至次年3月下旬，贮藏时间只有150天左右，比春播种缩短70多天，而且在整个贮藏时间气温较凉爽，种子呼吸作用弱，消耗的营养物质少，因此，种子生命力强，播种后出苗率高。春大豆秋繁留种，出苗率比春播种显著提高，是保证春大豆一播全苗有效措施。

春大豆品种秋播，温、光、水等外界条件与春播时发生了很大变化。就温度来说，春播时大豆生育期温度是由低到高，秋播时是由高到低；就光照来说，春季的日照时数相对长一些，由营养生长阶段到生殖生长阶段，光照逐渐变长，春大豆秋播所处的日照时数相对短一些，由营养生长阶段到生殖生长阶段逐渐变短；就水分来说，春播生育期间总降水量大，秋播生育期间总降水量小。在正常春季播种条件下，生育期一般是 95~110 天，秋播时由于苗期、花期处于高温强日季节，生育日数大为缩短，只有 80 天左右，比春播时的生育期缩短 20~30 天，主要表现在营养生长期大大缩短，由于营养生长期缩短，导致植株变矮，茎粗变小，叶片数、节数、分枝数均显著减少，单株干物质累积少，后期结荚少，百粒重降低，单株生产力降低。因而，要使春大豆翻秋获得好收成，必须根据上述特点，可以采取相应的技术措施。

1. 选好秋繁种子地，耕地播种

秋繁种子田地要求土质肥沃，排灌方便，凡是灌水条件不好的高岸田、排水不良的渍水田，土壤瘠薄没有灌溉条件的旱地都不宜做秋繁种子地。也不要用不同品种的春大豆地连作，因为前季春大豆收获时掉粒出苗生长，容易造成种子混杂。同时，秋繁大豆要进行耕地整土作畦播种，这样有利于大豆生长。

2. 尽量早播与密植

春大豆一般在 7 月上中旬成熟，收割后要将秋播的种子及时脱粒晒干，抢时间早播，播种太晚，光照太短，大豆营养生长时间短，生长量明显不足，不利于高产。春大豆秋繁要尽可能早播，并且应将种植密度由春播的每亩 3 万株左右，提高到 4.5 万株左右，一般采用穴播，行穴距 26cm×17cm，每穴应留 3~4 株苗。

3. 施足基肥，早追苗肥

春大豆秋播，营养生长期仅 20 多天，较同品种春播生育期短 20 天左右，因此，苗期要猛促早管，争取在较短的时间内，把营养体长好，达到苗旺节多。生育期施肥以速效肥基施为主，播种前施用农家肥做基肥，一般每亩猪粪 1000~1500kg，苗期每亩用尿素 7.5~10.0kg，分别于苗后 3 叶期进行追施，促使壮苗早发，争取荚多粒大。为了使肥料能及时分解，供大豆吸收利用，应选在下雨前后进行施肥或将肥料溶于水后浇施。

4. 保证灌溉，加强病虫害防治

春大豆秋播，正值高温干旱季节，在播种后若土壤墒情不足，应在播种后的第二天傍晚及时灌出苗水，以保证大豆出苗。苗期、花期、结荚期如遇干旱天气均应及时灌溉，特别是结荚初期进行灌溉，有利于壮籽，同时能有效的抑制豆荚螟危害。灌水量以刚漫上厢面为宜，灌后还要及时排干厢沟中的积水。秋季气温高，危害大豆的病虫害多，特别是食叶性害虫和豆荚螟为害严重，应注意及时喷药防治。

5. 及时收获，颗粒归仓

春大品种秋繁，成熟时气候干燥，易炸荚，应在大豆叶片还没有完全落光时开始收获。

第三节　花生高产种植技术

一、花生生长发育与生态条件

（一）温度

花生原产于热带，属于喜温作物，在其整个生长发育过程中，对热量条件的要求比较高，生长发育要求较高的温度条件。

1. 种子发芽与出苗

已经通过休眠的花生种子，其在满足种子发芽所需的水分等其他条件时，也需要在一定的温度条件下才可以发芽。恒温条件下，不同温度、不同类型品种发芽所需时间不同，但每一类型品种达到既定发芽率所需要的积温却均近乎恒值。田间栽培条件下，不同品种类型发芽出苗的最低温度存在一定的差异，同一类型、不同品种间也存在差异。在我国南方花生产区，花生早春播种要适时，温度稳定到12℃后才可以播种。

2. 营养生长

普遍的研究认为，花生营养生长的最适温度为昼间25~35℃，夜间20~30℃。昼间22℃、夜间18℃的处理，干物质仅为最佳温度处理的36%；昼间18℃似夜间14℃的处理，干物质仅为最佳温度处理的2%。大量的气象资料及花生长相分析表明，我国北方花生产区，花生生长期间温度越高，生长越好，幼苗期日平均气温应达到20℃左右。

3. 开花下针

花生的开花数量与温度高低关系极其密切。一般认为，开花的适宜温度为日平均23～28℃，在这个温度范围内，温度越高，开花量越大。当日平均温度降到21℃时，开花数量显著减少；若低于19℃，则受精过程受阻；若超过30℃，开花数量也减少，受精过程受到严重影响，成针率显著降低。在田间条件下，日平均温度在23.2℃时，形成的果针最多，而在17.9℃时，其所形成的果针数最少。

4. 荚果发育

温度高低与花生荚果发育时间长短及籽粒饱满度关系十分密切。花生荚果发育温度在15～39℃，最适宜温度为25～33℃，最低温度为15～17℃，最高温度为37～39℃。结荚区地温保持在30.6℃时，荚果发育最快、体积最大、重量最重。若温度高达38.6℃时，则荚果发育缓慢；若低于15℃，则荚果停止发育。所有荚果不论成熟程度如何，其干重的积累在昼间30℃、夜间26℃和昼间22℃、夜间18℃的处理均低于昼间26℃、夜间22℃的处理，昼间34℃、夜间30℃的处理则显著减少，其荚果发育速度仅为昼间26℃、夜间22℃的处理一半。

（二）水分

花生属于耐旱作物，在整个生育期的各个阶段，都需要有适当的水分才能满足其生长发育的要求。总的需水趋势是幼苗期少，开花下针和结荚期较多，生育后期荚果成熟阶段又少，形成两头少、中间多的需水规律。

1. 发芽出苗

种子发芽出苗时需要吸收足够的水分，水分不足时种子不能萌发。发芽出苗时土壤水分以土壤最大持水量的60%～70%为宜，低于40%时，土壤水分容易落干而造成缺苗；若高于80%，则会因为土壤中空气减少，也会降低发芽出苗率，水分过多甚至会造成烂种。出苗之后、开花之前为幼苗阶段，这一阶段根系生长快，地上部的营养体较小，耗水量不多，土壤水分以土壤最大持水量的50%～60%为宜，若低于40%，根系生长受阻，幼苗生长缓慢，还会影响花芽分化；若高于70%，也会造成根系发育不良，地上部生长瘦弱，节间伸长，影响开花结果。

2. 开花下针

开花下针阶段既是花生营养体迅速生长的盛期，也是大量开花、下针，形成幼果，进行生殖生长的盛期，是花生一生中需水量最多的阶段。这一阶段土壤水分以土壤最大持水量的60%~70%为宜，若低于50%，开花数量显著减少，土壤水分过低，甚至会造成开花中断；若土壤水分过多，排水不良，土壤通透性差，会影响根系和荚果的发育，甚至会造成植株徒长倒伏。

3. 荚果发育

结荚至花生成熟阶段，植株地上部的生长逐渐变得缓慢直至停止，需水量逐渐减少。荚果发育需要有适当的水分，土壤水分以土壤最大持水量的50%~60%为宜，若低于40%，则会影响荚果的饱满度；若高于70%，则又不利于荚果发育，甚至会造成烂果，长期水分过多，积水还容易引发花生根腐病。

（三）光照

花生属于短日照作物，对光照时间的要求不是太严格。日照时间长短对花生开花过程有一定的影响，长日照有利于营养体的生长，短日照处理能使盛花期提前，但总的开花量略有减少。由于短日照可以促进早开花，而营养体生长受到一定的抑制，因而造成开花量的减少。不同类型品种对日照的敏感性有差异，一般说来，北方品种相对南方品种而言，对日照的反应更不敏感。

花生整个生育期间均要求较强的光照，如光照不足，易引起地上部徒长，干物质积累减少，产量降低。花生苗期、花针期和结荚期每天10：00—16：00进行遮光处理，每个生育期遮光处理10d，使光照强度仅为自然光的1/30。结果表明，无论哪一生育期遮光，其饱果数、百仁重、荚果产量均受到影响。

（四）土壤

花生是个对土壤要求不太严格的作物，除特别黏重的土壤和盐碱地，其均可以生长。但是，由于花生是地上开花、地下结实的作物，要获得优质、高产，对土壤物理性状的要求，以耕作层疏松、活土层深厚的砂壤土最适宜。土壤质地0~10cm应为砂壤土至砾砂壤土；10~30cm为粉砂壤土至砂黏土；30~50cm为粉砂壤土至砂黏壤土。这样的土体，其毛管空隙上小下大，非毛管空隙上大下小，上层土壤的通气透水性良好，昼夜温差大，下层土壤的蓄水保肥能力强，热容量高，使土壤中的水、肥、气、热得到协调统一，有利于花生生长和荚果发育。花生也对土壤化学性质的要求，以较肥沃的土壤为好。

二、品种是花生高产的基础

品种是高产的内在因素。实践证明，其没有一个株型性状优良的高产品种，即使有再好的栽培措施，也难以实现预期的高产目标。因此，选用具有高产株型性状优良的品种，是创建高产的基本途径。花生的高产株型优良性状有以下五方面：

（一）叶厚色深绿、叶型侧立

叶厚色深绿往往具有较高的光合性能；叶型侧立（叶片在茎枝上的着生角度≤45°），能使群体冠层叶片和株丛下部叶片接受更多的辐射光和透射光，相对能使群体叶片提高光合效率。叶色深绿、叶型侧立的海花 1 号和花 37，其生育中期 1hm² 每天的群体净光合生产率为 5.6~7.4g，比相同条件下的叶色黄绿、叶型子展的白沙 1016 高 2.5~3.4g，提高 44.6%~45.9%。

（二）直立疏枝型品种

在高产群体条件下，单株总茎枝数 10 条左右，而结果枝数占 90% 以上。这是因为茎少而刚健，有利于通风透光。密枝型品种，单株总茎枝数 15 条左右，结果枝数仅占 40% 左右。这是因为大量的无效营养枝相互拥挤，使田间荫蔽，群体通风透光不良。疏枝型品种一般株总茎枝数 5~7 条，结果枝不足。据测定，在高产条件下，中间型品种徐州 68-4，其群体叶片冠层以下的辐射光透射率为 25.5%，比密枝型品种鲁花 4 号的 10.5% 低 15 个百分点。

（三）连续开花习性

花芽分化是开花的基础，一个花芽的形成到开花一般需要 20~30 天。当第一朵花开放时，就已经进入花芽分化盛期。花生花芽分化特点有以下三个：①花芽分化早，出苗时或出苗前就已分化；②花生团棵期，花芽分化最盛，形成的花多为有效花；③盛花后再分化的花芽多数为不结果的无效花。

花生单株开花只有约 50% 的前期花形成了果针，20% 的果针入土膨大为幼果，饱果率占 15% 左右。珍珠豆型早熟品种花期最短，出苗到始花为 20~25 天，始花到终花为 50~60 天；普通型中熟品种花期较长，出苗到始花为 25~30 天，始花到终花为 80~90 天。

（四）短、粗果柄大果型

果柄粗短的品种比果柄细长的品种，果针入土浅、坐果早而结果整齐。在熟性、密度和其他条件都一样时，单株结实数差异不大，大果型的品种，1kg 果数少于中果型，单株生产力高于中果型。

（五）株高适中、耐肥抗逆

矮秆耐肥的品种茎节密集、粗壮，不容易徒长倒伏，适于密植，可以充分发挥土壤肥力及肥水管理的优势，植株长势容易控制。与此同时，果针离地面近，果针更容易入土，成果率高。

三、高产栽培的主要途径

（一）提高光合效率，增加生物总产量

花生的总生物产量的干物质量，有 90%~95% 源于光合产物。总产量的累积是经济产量转换的基础，两者呈正相关。根据 $1hm^2$ 产 7500~8700kg 的最佳群体动态测定，开花下针期至结荚期的 50 天中，其累积的光合产物占全期总量的 68%~70%，最终累积 $1hm^2$ 的总生物产量为 13 800~15 000kg。要进一步创高产，使 $1hm^2$ 荚果产量达到 10 950~12 000kg，总生物产量必须达到 22 500kg，叶面积系数全期平均为 3.5，总光合势 $1hm^2$ 为 450 万 m^2，净光合生产率全期平均在 5 左右。

（二）缩小营养体/生殖体比率，增大经济系数

总生物产量与经济产量一般呈正相关，但也不是绝对的。$1hm^2$ 要获取 10 950~12 000kg 的高额荚果产量，总生物产量要达到 22 500kg 左右，同时使 V/R 率降低到 0.5 以下，经济系数提高到 5.8 以上，才能实现预期的产量目标。

（三）依靠主要结果枝，获取群体果多果饱

1. 依靠主要结果枝，提高结实率和饱果率

花生第一对侧枝，约在出苗后 3~5 天，主茎第三片真叶展开出现。创高产必须依靠第一、二侧枝，采取相应的壮苗早发措施，促进第一、二侧枝的健壮生长和二侧枝的早生快发，相对提高结实率和饱果率是完全可能的。

花生的开花结实存在着花多不齐、针多不实和果多不饱的矛盾。据 $1hm^2$ 产

7500kg 荚果以上的高产田测定，在条件基本相同的情况下，单株开花量 100 朵左右，其结实率和饱果率已分别提高到 15%～18% 和 10%～12%。若想进一步创高产，则通过加强基础措施和促控管理措施，使结实率和饱果率分别提高到 20% 和 15% 是完全可能的。

2. 适当增加基本苗，获取果多果饱

在群体条件下，花生株果的消长规律是，单位面积株数减少，单株结果枝数、结果数和饱果数增多；反之，单位面积株数增多，单株结果枝数、结果数和饱果数减少。但是，单位面积株数在适宜范围内增加，其株果的消长规律不变，而群体总结果枝数、总果数和总饱果数都相对增多。

3. 花生合理密植的增产机制

（1）有效提高群体光合总量

合理密植增产的根本原因就在于能够充分利用光能，使群体光合总量增加，有效提高了光能利用率，生物总产量增加。

（2）有效减少无效分枝

减少无效枝叶，养分利用更合理，促进早开花，特别是基部的第一、第二对侧枝花，结果总量明显增加，实现果多果饱。

（3）增加单位面积结果枝、总果数，提高总产量

花生稀植虽然可保证单植株个体充分发育，使结果数增加，但是从单位面积总产量来看，稀植产量还是要低于合理密植。此外，稀植导致秋果增多，还会影响到群体果重量。综上所述，合理密植不但可以提高单位面积总产量，而且对于增加果重、提高饱果率效果也比较明显。

因此，从群体着眼，依靠主要结果枝，实现果多、果饱，是获取花生高产的重要途径。

四、花生高产栽培技术

高产是花生栽培者长期追求的目标。花生栽培可以按照播种季节可分为春植、夏植、秋植和冬植花生；按照栽培模式又可分为露地栽培、地膜栽培和设施栽培；按照栽培产品用途，又可分为鲜食果栽培和干荚果栽培。

（一）春花生高产栽培技术

春播露地种植是我国花生主要的种植模式之一，在国内主要花生产区均有较

大的种植比例。虽然近年来春播地膜覆盖栽培得到大面积推广应用，但因露地栽培比地膜覆盖操作简便、技术要求低、省工和投入少，今后仍具有较大的发展潜力。

1. 品种选择

各地可根据当地的具体情况，选用优质、高产、抗病、适应性强、商品性好的花生品种进行栽培。以福建省为例，高产区可选择福花4号、福花6号、福花8号、泉花7号等品种，青枯病区可选抗青枯病品种福花3号种植。

2. 土壤选择，整地作畦

花生喜欢沙性疏松的土壤，应选择耕层深厚、地势平坦、沙土、结构适宜、理化性状良好的土壤。有机质含量在10g/kg以上，碱解氮含量在40mg/kg以上，速效磷含量在15mg/kg以上，速效钾含量在80mg/以上，土壤pH在7.0~8.0，全盐含量不得高于2g/kg。

南方一般以畦宽85~90cm（包沟30cm）、畦高15~20cm为宜，整畦的同时，要开好环沟，防止田间积水。北方以垄宽80cm、高10cm为宜，地膜栽培的应根据地膜宽度，在充分利用地膜的同时，应保证垄上两行花生的行距在40cm左右，植株外边15cm。

3. 播前晒种，适期播种

春播花生剥壳前7天应选有阳光的天气晒果3天，剥壳后分级粒选，把病、虫、已发芽、破皮果仁和秕粒挑拣出，按大、中粒分成一、二级种子，防止大、中粒种子混播，造成大苗欺小苗的现象。

南方种植的花生品种以珍珠豆型和多粒型为主，当地气温稳定通过12℃时为花生的播种始期，从南到北2月底至4月初播种。在长江流域花生区早春气温回升缓慢，可在4月中旬至4月底播种。春花生播种时一般土温和气温均较低，播种时经常遭遇阴雨天气，导致土壤低温高湿，应注意抢晴播种，保证出苗质量。

4. 合理密植

为了充分利用地力和光能，促进早期和全生育期叶面积增长，协调生育过程中个体与群体发展之间的矛盾，增加干物质积累和荚果产量，必须合理密植。春花生一般以双行2粒穴播为主，单位面积种植株数依品种分枝力、特性和土壤肥力决定，一般1hm^{2}以27万~30万株为宜。

5. 下足基肥，合理施肥

应根据品种、前作和土壤供肥能力来确定肥料施用量，应提倡多施用土杂肥和有机肥。

（1）基肥用量

南方小花生区一般 1hm² 基肥量为氮：磷：钾比为 16：16：16 的进口三元复合肥 450~600kg，也可以施土杂肥 45 000kg、碳铵 450kg、磷肥 750kg、钾肥 300kg、硼肥 7.5kg、锌肥 15kg。

（2）早追苗肥

南方早熟品种应在 3 叶期结合中耕，1hm² 施用进口三元复合肥 300~375kg。长势差的田段可在开花始期，结合培土追施三元复合肥 75~150kg 做花肥。开花期施用石灰或石膏 375~450kg 补充钙肥；迟熟品种可在 4 叶期进行，也可 1hm² 施尿素 60~90kg 或稀粪水 22 500~30 000kg，加过磷酸钙 75~112.5kg，以加速幼苗生长，促进早分枝、多分枝；最后一次中耕时，1hm² 撒湿石灰和草木灰 300~375kg。

6. 田间管理

苗期遇旱灌"跑马水"，阴雨天及时排水防涝。花生开花下针期和结荚期需水分多，若遇旱应及时灌水，以利开花下针和荚果生长发育。花生是怕涝的作物，多雨季节应注意排涝，特别是结荚期要防渍，以防根腐病发生和烂果，降低花生品质。

叶面追肥，长势差的花生田，其可在结荚期下午 5 时以后喷洒 0.2% 的磷酸二氢钾溶液补充营养。

7. 适期收获

花生植株中下部叶片正常脱落，种皮呈现粉红色是适期收获的标志，收获后及时晒干。南方，特别是沿海地区在 7 月底 8 月初多遇台风雨，勿让荚果遭雨淋或发热引发花生黄曲霉危害，造成黄曲霉素超标。

（二）秋花生高产栽培技术

我国秋花生主要分布在热带和亚热带地区，其多在 7 月下旬至 8 月初播种，12 月中旬收获。我国秋花生播种面积以广东省面积最大。广东省的珠江三角洲、鉴江流域、韩江平原，广西壮族自治区的东南部和西江流域，福建省的中南沿海地区，云南省的澜沧江流域等地为秋花生的集中产区。

1. 选地和整地

秋花生生育期间气候特点为前期多雨、中后期干旱，应选用土质疏松、肥力较高、排水良好和有灌溉条件的水旱田连片种植。特别是在开花下针期至结荚期间，需水量多，应保证遇旱能灌，无灌溉条件的旱地不宜种植秋花生。

秋花生前作多为早稻，早稻收获至播种花生的时间短，水稻收获后，在土壤干湿合适时要抢晴犁耙整地，起畦播种。一般以畦宽 85~90cm（包沟 30cm）、畦高 15~20cm 为宜，起畦的同时，要开好环沟，以利于排灌。

2. 适期播种

秋花生播种过早，气温高，昼夜温差小，茎枝徒长易形成高脚苗，且病虫害多，不利于培育壮苗；花期若遇到 30℃ 以上的高温，则花期缩短，开花少，结荚少，产量不高；水田地区则因早播多雨，易使幼苗受涝。但播种过迟，则植株生育后期受低温干旱影响，特别是中部和北部地区，迟播易受早霜危害，荚果不充实，饱果率降低，种子质量差，产量明显减少甚至失收。

广东北部、福建与云南中南部、广西中北部、湖南与江西南部等地，以大暑至立秋播种为宜；中部地区，包括广东中部、福建东南部、广西中南部、云南南部等地，以立秋前后播种为宜；南部地区，包括海南全省、广东和广西南部等地，以立秋至处暑播种为宜。

3. 增施肥料

为保证秋花生高产稳产，必须增施肥料。据各地经验，秋花生要施足腐熟有机肥做基肥，氮、磷、钾、钙合理搭配，追肥要比春花生相应提早。基肥以堆肥、土杂肥、塘肥、人畜粪等农家肥为主，一般 $1hm^2$ 施 1500kg 左右，加过磷酸钙 300kg，钙肥（石灰、壳灰）300~375kg，草木灰 375~750kg，或氮：磷：钾比为 16：16：16 的进口三元复合肥 600~750kg。土杂肥要采用全层施肥，在犁耙时一次性施用，然后反复耙匀，整畦播种。追肥则在幼苗主茎展开 3 片复叶时，$1hm^2$ 施尿素 60~90kg 或稀粪水 22 500~30 000kg，加过磷酸钙 75~112.5kg，以加速幼苗生长，促进早分枝、多分枝；最后一次中耕时，$1hm^2$ 撒湿石灰与草木灰 300~375kg。

4. 合理密植保全苗

秋花生植株较矮小，茎叶生长一般不及春花生旺盛，为充分利用地力和光能，促进早期和全生育期叶面积增长，协调生育过程中个体与群体发展的矛盾，增加干物质积累和荚果产量，必须增加种植密度。秋花生一般以双行或 3 行 2~3 粒穴播为主，单位面积种植株数一般比春花生增加 20% 株数，1hm² 以 33.4 万~36.0 万株为宜。

5. 及时排灌

排灌是秋花生高产的关键，总的原则是湿润生长，重点抓好播前灌水湿润土壤以利于种子发芽，齐苗。苗期灌水促生长，下针期灌水迎针，结荚期灌水提高出仁率。

6. 中耕除草

秋花生生育前期高温多雨，畦面易板结，田间杂草生长很快，与花生争肥争光，影响花生生长发育；而雨水的冲刷，常使畦内畦边花生的根茎部露出土面，特别是边行花生更为严重，影响果针入土结实。因此，秋花生必须早中耕除草，使土壤疏松透气，减少杂草危害，培育壮苗。

7. 病虫防治

秋花生生育前期气温较高，蚜虫、叶蝉、蓟马等害虫发生较多，中后期斜纹夜蛾及锈病、叶斑病等易发生危害，为了确保秋花生增产丰收，必须注意观察、测报，及早防治。

8. 安全收贮

秋花生一般以留种为主要目的，在闽西、闽南地区花生鲜果主要做烤花生，因此，宜采用人工收获，防止荚果破损。留种花生荚果晒干后应妥善贮藏，一般荚果含水量在 10% 以下可较长期保存。

第五章　农作物病虫害的防治

第一节　农作物病虫害的防控概述

一、综合防控的概念

综合防控是通过有机地协调应用各种防控措施，相辅相成，把病虫害压低到经济危害水平下，以取得最大的经济效益。同时将对农业生态系统内外的不良影响降至最低限度。所以说病虫害防控是一个生态学问题。

综合防控的概念包含以下三个基本特点：

一是错综复杂的动植物、农作物的耕种和周边环境构成一个生态体系。这里面任何一个组成部分的变化，都会直接或间接影响整体体系的稳定，在关键因素上甚至可牵一发而动全身，进而影响病虫害种群的消长。

二是综合防治的目的是控制种群数量，使害虫密度保持在经济危害水平以下，所以不要求进行不必要的防治工作。通常不是使害虫灭绝，有时为使天敌能继续生活繁殖，在今后抑制虫害中发挥作用，在防治时还要有计划留下一部分害虫。

三是各种防治手段如化学防治、天敌利用、抗虫品种、农技措施或昆虫绝育，都有各自的特点和限制，任何方法都不是万能的。采用多种防治手段，将其有机联系，互相协调补充，才能起到最好的防治效果。必须全面考虑，使其对于生态系内外的副作用减至最低。不但要注意它们对防治对象、作物和人畜的影响，还必须考虑到和其他害虫、天敌、益虫和其他生物的关系，同时要注意环境保护问题。综合防治的配套技术是根据综合防治的原则和当地生态的特点，以及作物新的防治技术进行组装和协调运用。其内容包括：

第一，保护利用有益生物，结合农事操作为天敌提供栖息场所，注意合理用药，减少天敌杀伤，发挥自然天敌的控害作用。

第二，以农业防治为主的预防系统，如有利于控制的高产耕种、轮作制度、种植抗（耐）性强的优良品种及其合理的品种布局；培育无病虫的种苗，有针对性地进行种子消毒、土壤处理。

第三，科学使用农药，有节制地合理用药，多讲究防治策略；修改偏严的防治指标，贯彻达标用药；合理安排农药，采用对天敌影响少的选择性农药，提倡有效低剂量，抓好挑治、兼治，减少用药面积和用药次数。通过综合防治技术的组装，协调地发挥农业防治压基数，保护天敌促平衡的作用。最小限度地使用化学农药，最大限度地利用自然天敌作用，把病虫危害损失降低到经济允许水平以下，并使病虫发生量维持在低水平的生态平衡中。

二、综合防控的方法

做好农作物病虫害防治工作，是确保农作物增产增收、农业经济快速增长的关键。农作物病虫害的防治是一项系统性、复杂性的工程，其需要建立一套科学、完整的防治体系，才有可能切实达到防治成效。

农作物病虫害的有效防治，在"绿色、健康、可持续发展"理念指导下，结合具体的农作物种类、季节及病虫害特点等开展综合防治，确保农作物生产能够更加优质、保量。当前，农作物的综合防治措施主要包括以下几点：

（一）农业防治

农业防治的基础在于选择抗性品种进行培育，同时结合农作物多种耕作技术、方法等，不断为农作物生长发育创造有利的生态环境，并抑制病虫害的发生，进而达到增产、增收、优质的目的。

1. 要选育抗性品种

结合农作物种植区域病虫害发生情况及特点，科学、合理地选择具有针对性的抗性品种，以增强作物抵抗病虫害的能力。如在西北地区小麦种植过程之中，全蚀病、纹枯病等土传病害，秆黑粉病、腥黑穗病等种传病害，白粉病、条锈病等苗期感染病害及地下害虫等较为多发，针对这一情况，则需要选育抗性品种，如选择烟农15、鲁麦14等品种，能够兼抗纹枯病、条锈病、白粉病、叶锈病等，且农艺性状比较好，因此可优先选育。

2. 要轮作倒茬

轮作能够有效改善农田土壤理化特性、生态条件等，还能有效减少和免除部分特有的连作病虫害。实践证明，不同的农作物至少可以实行 3 年轮作换茬，且减轻病虫害与增产效果比较明显。如小麦与花生、甘薯、蔬菜、大豆等轮作可以降低小麦全蚀病的发生，与油菜套种间作则能够增加小麦主要虫害麦蚜的天敌数量，进而达到控制麦蚜的目的，与棉花套种，则可以充分利用地力和光热资源。

3. 深耕晒垡

一些农作物的病原菌能够大量藏于深土中，且较长时间存活，给农作物种植带来严重威胁。为此，须运用深耕技术，把埋于深土中的害虫和病原菌翻到地面，再经过暴晒或者严寒进行灭活。如棉铃虫是棉花种植中的一种常见害虫，该害虫能够藏于深土下，因而在连作地块或者往年发生过棉铃虫的田块，须进行深耕晒垡，以减少病原菌和害虫的基数，确保能够降低来年种植棉花的虫害风险。

（二）物理防治

物理防治即通过物理手段，利用物理性因素进行病虫害的防治，或者是利用害虫的趋化性、趋光性等特性来达到实现农作物增产、增收的效果。物理防治是当前农作物病虫害防治中行之有效的防治手段之一，其能够大幅减少农药等使用，实现无公害农作物的培育，极大地保障了农作物的生产质量安全。例如在防治棉花病虫害时，可以借助最新的性诱导剂、银灰膜、杀虫灯等物理设备来诱杀红蜘蛛、蚜虫、棉铃虫等，具有显著的防治成效。

（三）生物防治

生物防治则主要是通过生物制剂及农作物害虫天敌等措施进行病虫防治，当前运用频次较多的生物防治手段包括抗生素、昆虫生长调节剂、害虫天敌及植物源农药等。与其他防治手段相比，生物防治形式较为丰富，选择性较多，且不污染环境，并对人畜无害。运用生物防治手段除了具有明显的预防农作物病虫害作用，还对部分病虫害具有一定的持续性抑制作用。如对棉花蚜虫、棉铃虫等害虫进行防治，既可利用害虫的天敌进行消杀，又可通过生物农药进行防治，综合防治效果相当不错。

（四）化学防治

化学防治指的是利用化学农药来防治农作物病虫害的方法，该措施具有方便、快速、高效等优点，但大量使用则会导致害虫产生抗药性及杀害天敌、破坏生态平衡等不良后果。因此，在农作物病虫害防治过程中，应当选择符合一定标准的农药，同时使用正确的施药方法和时间，在确保病虫害防治效率的基础上，尽可能减少农药对天敌及生态的破坏。如棉铃虫、麦叶蜂等是小麦抽穗阶段高发的一类虫害，在使用化学防治方法进行应对时，应当针对害虫不同发生期的不同特点，使用不同的施药方案，对低龄幼虫期则可使用25%灭幼脲3号悬浮剂或20%除虫脲悬浮剂喷雾防治；对发生多种病虫混合的麦田，则可将杀虫剂与杀菌剂混合使用，对白粉病、纹枯病、锈病和麦蚜等多种病虫混合发生的麦田，则可通过混用三唑酮、抗蚜威、吡虫啉等进行防治。每亩使用10%三唑酮可湿性粉剂30g兑水30~50kg，拟除虫菊酯类农药30mL、50%辛硫磷30mL加入0.2%浓度的磷酸二氢钾一次性混合喷雾，则可以同时防治小麦的锈病、吸浆虫、白粉病、棉铃虫、麦蚜、纹枯病等多种病虫害，同时能起到提高小麦抗干热风能力。

在农作物生产过程中，有效防控病虫害是保障农作物生产质量与品质的关键。目前在我国多数地区农作物病虫害防治手段主要还是通过单一的化学防治方法，该方法虽然能够在短时间内看到成效，但其对农作物生产质量安全及生态环境所产生的破坏十分严重。为此，在农作物病虫害防治中，应当结合"绿色、健康、可持续发展"的理念及"预防为主、综合防治"的方针，把农业防治、物理防治、生物防治、物理防治及化学防治等有机结合起来，进而实现全面提升农作物病虫害防治效率和质量。

三、农作物病虫害专业化统防统治

农作物病虫害专业化防治，是指具备一定植保专业技术条件的服务组织，采用先进、实用的设备和技术，为农民提供契约性的防治服务，开展社会化、规模化的农作物病虫害防控行动。

（一）专业化防治组织

1. 开展专业化防治的指导思想、目标任务和工作原则

（1）指导思想

以科学发展观为指导，以贯彻落实预防为主、综合防治的植保方针和公共植保、绿色植保的植保理念为宗旨，按照政府支持、市场运作、农民自愿、循序渐进的原则，以提高防效、降低成本、减少用药、保障生产为目标，以集约项目、整合力量、优化技术、创新服务、规范管理为突破口，大力发展农作物病虫害专业化服务组织，不断拓宽服务领域和服务范围，努力提升病虫害防治的质量和水

平，全面提升重大病虫害防控能力。

（2）工作原则

开展病虫害专业化防治应遵循政府支持、农民自愿、循序渐进和市场运作的原则。

①推进全程承包防治。

按照降低成本、提高防效、保障安全的目标，优先支持对作物整个生长季进行的全程承包防治，强化技物配套服务，推进农药"统购、统供、统配和统施"。充分发挥专业化防治组织的服务主体地位，扶持、引导服务组织增强造血功能，走自主经营、自负盈亏、自我发展的良性发展道路。

②扶持规范化防治组织。

按照服务组织注册登记，服务人员持证上岗，服务方式合同承包，服务内容档案记录，服务质量全程监管的要求，扶持、规范专业化防治组织发展，培养一批用得上、拉得出、打得赢的专业化防治队伍。

③开展规模化防控作业。

每个项目县建立防治示范区，每个示范区重点扶持一批专业化防治示范组织，鼓励专业化防治组织开展连片的防治作业服务，每个防治组织日作业能力应在300亩以上。通过示范县和示范区带动，逐步扩大专业化防治规模。

通过相关支持项目和农业植保部门加强指导，鼓励专业化服务组织配备先进防治设备，接受专业技术培训。优化并配套应用生物防治、生态控制、物理防治和安全用药等措施，建立综合防控示范区，大力推广先进实用的绿色防控技术，降低农药使用风险，提高防控效果，保障农业生产安全和农产品质量安全。

2. 专业化防治组织应具备的条件

（1）有法人资格

经工商或民政部门注册登记，并在县级以上农业植保机构备案。

（2）有固定场所

具有固定的办公、技术咨询场所和符合安全要求的物资储存条件。

（3）有专业人员

具有10名以上经过植保专业技术培训合格的防治队员，其中获得国家植保员资格或初级职称资格的专业技术人员不少于1名。防治队员持证上岗。

（4）有专门设备

具有与日作业能力达到300亩（设施农业100亩）以上相匹配的先进实用

设备。

（5）有管理制度

具有开展专业化防治的服务协议、作业档案及员工管理等制度。

（二）专业化防治组织的形式

1. 组织形式

各地专业化统防统治组织形式主要有以下七种：

（1）专业合作社和协会型

按照农民专业合作社的要求，把大量分散的机手组织起来，形成一个有法人资格的经济实体，专门从事专业化防治服务。或由种植业、农机等专业合作社，以及一些协会，组建专业化防治队伍，拓展服务内容，提供病虫害专业化防治服务。

（2）企业型

成立股份公司把专业化防治服务作为公司的核心业务，从技术指导、药剂配送、机手培训与管理、防效检查、财务管理等方面实现公司化的规范运作。由农药经营企业购置机动喷雾机，组建专业化防治队，不仅为农户提供农药销售服务，还开展病虫害专业化防治服务。

（3）大户主导型

主要由种植大户、科技示范户或农技人员等"能人"创办专业化防治队伍，在进行自有田块防治的同时，为周围农民开展专业化防治服务。

（4）村级组织型

以村委会等基层组织为主体，组织村里零散机手，统一购置机动药械，统一购置农药，在本村开展病虫统一防治。

（5）农场、示范基地、出口基地自有型

一些农场或农产品加工企业，为提高农产品的质量，越来越重视病虫害的防治和农产品农药残留问题，纷纷组建自己的专业化防治队伍，为企业生产基地开展专业化防治服务。

（6）互助型

在自愿互利的基础上，按照双向选择的原则，拥有防治机械的机手与农民建立服务关系，自发地组织在一起，在病虫害防治时期开展互助防治，主要是进行代防治服务。

（7）应急防治型

这种类型主要是应对大范围发生的迁飞性、流行性重大病虫害，由县级植保站组建的应急专业防治队，主要开展对公共地带的公益性防治服务，在保障农业生产安全方面发挥着重要作用。

2. 服务方式的种类

开展农作物病虫害专业化防治的服务方式主要有以下三种：

（1）代防代治

专业化防治组织为服务对象施药防治病虫害，收取施药服务费，一般每亩收取4~6元。农药由服务对象自行购买或由机手统一提供。这种服务方式，专业化防治组织和服务对象之间一般无固定的服务关系。

（2）阶段承包

专业化防治组织与服务对象签订服务合同，承包部分或一定时段内的病虫害防治任务。

（3）全程承包

专业化防治组织根据合同约定，承包作物生长季节所有病虫害的防治。

全程承包与阶段承包具有共同的特点，即专业化防治组织在县植保部门的指导下，根据病虫发生情况，确定防治对象、用药品种、用药时间，统一购药、统一配药、统一时间集中施药，防治结束后由县植保部门监督进行防效评估。

第二节　小麦主要病虫害防治

一、小麦病害防治

（一）小麦条锈病

小麦条锈病是小麦锈病之一，小麦锈病俗称"黄疸病"，分条锈病、秆锈病、叶锈病三种。其中，以小麦条锈病发生传播快，为害严重。主要发生在河北、河南、陕西、山东、山西、甘肃、四川、湖北、云南、青海等省。

1. 症状

小麦条锈病首先主要发生在叶片上，其次是叶鞘和茎秆，穗部、颖壳及芒上也有发生。苗期染病，幼苗叶片上产生多层轮状排列的鲜黄色夏孢子堆。成株叶片初发病时夏孢子堆为小长条状，鲜黄色，椭圆形，与叶脉平行，且排列成行，像缝纫机轧过的针脚一样，呈虚线状，后期表皮破裂，出现锈被色粉状物。小麦近成熟时，叶鞘上出现圆形至卵圆形黑褐色夏孢子堆，散出鲜黄色粉末，即夏孢子。后期病部产生黑色冬孢子堆。冬孢子堆短线状，扁平，常数个融合，埋伏在表皮内，成熟时不开裂，区别于小麦秆锈病。三种锈病区别可用"条锈成行，叶锈乱，秆锈是个大红斑"来概括。

田间苗期发病严重的条锈病与叶锈病症状易混淆，不好鉴别。小麦叶锈夏孢子堆近圆形，较大，不规则散生，主要发生在叶面，成熟时表皮开裂一圈，区别于条锈病。

2. 病原

病原为条形柄锈菌（小麦专化型），属孢子菌真菌。该菌致病性有生理分化现象，我国已发现几十个生理小种，条锈菌生理小种很容易产生变异，后来已出现过五次优势小种的改变。

3. 防治方法

以选用抗病品种为主，药剂防治和栽培措施为辅的综合防治原则。同时，加强栽培管理，增强抗性。化学防治要做到早发现，早防治，根据我国小麦条锈病发生特点，采取分区治理的策略，以菌源区的早期发病田预防为突破，以流行蔓延区发病中心的封锁控制为重点，以流行区的普遍防治为保障，打好菌源区源头治理、早发区应急控制和主产麦区重点防治三个战役。

（二）小麦白粉病

20 世纪 70 年代后期以来，由于小麦生产耕作制度的变化，特别是密植、灌溉和化肥使用量的增加，小麦白粉病逐年加重，已成为我国小麦生产上的重大常发病害之一。

1. 症状

该病可侵害小麦植株地上部，仅以叶片和叶鞘为主，发病重时颖壳和芒也可受害。发病时，叶面出现 1~2mm 的白色霉点，后逐渐扩大为近圆形至椭圆形白色霉斑，霉斑表面有一层白粉，遇有外力或振动立即飞散，这些粉状物就是该菌的菌丝体和分生孢子。后期病部霉层变为灰白色至浅褐色，病斑上散生有针头大小的小黑粒点，即病原菌的闭囊壳。

2. 防治方法

白粉病的防治以推广抗病品种为主，辅之以减少菌源、栽培防治和化学药剂防治的综合防治措施。

①选用抗病丰产品种，可有效抑制小麦白粉病的发生。

②减少菌源。由于自生麦苗上的分生孢子是小麦秋苗的主要初侵染菌源，因此，在小麦白粉病的越夏区，麦收后应深翻土壤、清除病株残体；在麦播前要尽可能消灭自生麦苗，以减少菌源，降低秋苗发病率。

③农业防治。适期适量播种，控制田间群体密度，以改善田间通风透光，增强植株抗病力，减少早春分蘖发病；根据土壤肥力状况，控制氮肥用量，增施有机肥和磷钾肥，避免偏氮肥造成麦苗旺长而感病；合理灌水，降低田间湿度。如遇干旱及时灌水，促进植株生长，提高抗病能力。

④适时进行药剂防治。药剂防治包括播种期种子处理或在生长期喷药防治。

第一，拌种。在秋苗发病早期且严重的地区，采用播种期拌种能有效抑制苗期白粉病的发生，同时，防治条锈病和纹枯病等病害。所用药剂为三唑酮或戊唑醇。

第二，生长期喷药防治。在春季发病初期病要及时喷药防治，常用药剂有：三唑酮、烯唑醇、丙环唑等。药剂防治是控制小麦白粉病的主要措施。小麦返青拔节后，在小麦白粉病感病率达10%时，即应进行药剂防治。

生产上常用于防治小麦白粉病的农药是每亩用三唑酮有效成分7~10g，近年来有部分地区和群众反映使用三唑酮防治小麦白粉病效果下降，可能是长期、大量、单一地用药，使白粉病病菌对三唑酮产生了抗药性。而新型杀菌剂已唑醇、氯氰菌酯、苯氧菌酯、唑菌胺酯、戊唑醇、嘧菌酯、醚菌酯、烯肟菌酯、腈菌唑、烯唑醇等对小麦白粉病的防效较好，可与三唑酮轮换使用，以缓解病菌抗性逐年上升的趋势，提高对白粉病的防治效果。

（三）小麦秆锈病

小麦秆锈病主要发生在华东沿海、长江流域、南方冬麦区及东北、华北的内蒙古自治区、西北春麦区。小麦秆锈病在中国的流行年份最高使小麦减产75%，其中，部分地区甚至绝产。

1. 症状

主要发生在叶鞘和茎秆上，也为害叶片和穗部。夏孢子堆大，长椭圆形，深褐色或褐黄色，排列不规则，散生，常连接成大斑，成熟后表皮易破裂，表皮大片开裂且向外翻成唇状，散出大量锈褐色粉末，即夏孢子。小麦成熟时，在夏孢子堆及其附近出现黑色椭圆至长条形冬孢子堆，后表皮破裂，散出黑色粉末状物，即冬孢子。在小麦成熟前 3 周秆锈菌侵染到小麦上，破坏小麦茎叶部的组织，在叶部其孢子穿透叶片，使感病区域叶片完全破坏，使其光合作用面积减小。在茎部破坏疏导组织，使其向上营养运输受阻。发病严重会导致小麦死亡，使小麦成熟期遭到毁灭性破坏，影响小麦产量。

2. 病原

病原为禾柄锈菌（小麦变种），属孢子菌真菌。菌丝丝状，有分隔，寄生在小麦细胞间隙，产生夏孢子和冬孢子在小麦上。小麦秆锈菌致病性有生理分化现象，我国已发现生理小种中，经证实在中国 21C3 和 34C2 一直是主要流行小种且较稳定。Ug99 是一种新型的秆锈菌毒性小种，除对 Sr31 的特殊毒力外，还对其他 50 余个抗秆锈病基因多数都有极罕见的联合致病力，而且其毒力还在不断进化，产生毒力更强的变异体，需要引起足够重视。

3. 防治方法

选用抗病品种，兼顾抗原的多样化和合理布局。

药剂防治参见小麦条锈病。

（四）小麦叶锈病

小麦叶锈病是世界性的小麦病害之一，在世界的分布范围比条锈病、秆锈病更广，我国各地均有发生，在流行年份减产可达 50%～70%。

1. 症状

本病主要侵染叶片，也侵害叶鞘，但很少侵害茎秆或穗部。叶片受害，产生许多散乱的、不规则排列的圆形至长椭圆形的橘红色夏孢子堆，表皮破裂后，散出黄褐色夏孢子粉，夏孢子堆较秆锈菌小但比条锈病菌大，多发生在叶片正面。后期在叶背面散生椭圆形黑色冬孢子堆。夏孢子堆多在叶片正面不规则散生，圆形至长椭圆形，疱疹状隆起，表皮破裂后出现橙黄色的粉状物。冬孢子堆主要发生于叶片背面和叶鞘上，散生，圆形或长椭圆形，黑色，扁平，表皮不破裂。

2. 病原

由孢子菌的小麦隐匿柄锈菌侵染引起。叶锈菌对环境的适应性比条锈菌和秆锈菌强，既耐低温也耐高温，对湿度的要求则高于条锈菌而低于秆锈菌。夏孢子萌发和侵入最适温为 15~20℃，湿度大于 95% 就可萌发。叶锈菌生理分化明显，存在许多生理小种。

3. 防治方法

以抗病品种为主，药剂防治和栽培措施为辅的综合防治原则。在一个地区要选用适合当地种植的几个抗病品种，合理布局搭配，防止单一化。同时，加强栽培管理，增强抗性。化学防治要做到早发现，早防治。

（1）种植抗病品种和品种合理布局

在小麦锈病的越夏区和越冬区分别种植不同抗原类型的小麦品种，实行抗锈基因合理布局。

（2）栽培防治

适期播种，避免早播，减轻秋苗发病，减少秋季菌源。越夏区要消灭自生麦苗，减少越夏菌源的积累和传播，早春镇压，合理施肥灌水。增施磷肥、钾肥，氮、磷、钾肥合理搭配施用，有利于增强小麦抗病能力。速效氮肥应避免过量、过迟施用，以防止麦株贪青晚熟，加重后期锈病危害。

（3）药剂防治

在小麦生长至抽穗期，病叶率为 5%~10% 时，及时进行喷药防治。常用药剂为三唑酮（粉锈宁）、烯唑醇、丙环唑、戊唑醇等。

二、小麦虫害防治

（一）麦长管蚜

麦长管蚜分布在全国各产麦区。寄主有小麦、大麦、燕麦，南方偶见为害水稻、玉米、甘蔗等。

1. 危害性

吸食叶片、茎秆和嫩穗的汁液，影响小麦正常发育，严重时常导致生长停滞。同时，其刺吸式口器刺入叶片时也会产生伤口，传播多种病毒，如黄矮病。小麦抽穗扬花期，蚜虫发生面积迅速扩大，虫口密度急剧上升，形成小麦"穗蚜"，叶片发黄，减少穗粒数，降低千粒重。

2. 形态特征

无翅孤雌蚜体长 3.1mm，宽 1.4mm，长卵形，草绿色至橙红色，头部略显灰色，腹侧具灰绿色斑。触角、喙端节、跗节、腹管黑色，尾片色浅。腹部第6~8节及腹面具横网纹，无缘瘤。中胸腹岔具短柄。额瘤显著外倾。触角细长，全长不及体长，第三节基部具1~4个次生感觉圈。腹管长圆筒形，长为体长的1/4，在端部有网纹十几行。尾片长圆锥形，长为腹管的1/2，有6~8根曲毛。有翅孤雌蚜体长3.0mm，椭圆形，绿色，触角黑色，第三节有8~12个感觉圈排成一行。

3. 生活习性

一年发生20~30代，在多数地区以无翅孤雌成蚜和若蚜在麦株根际或四周土块缝隙中越冬，有的可在背风向阳的麦田的麦叶上继续生活。该虫在我国中部和南部属不全周期型，即全年进行孤雌生殖不产生性蚜世代，夏季高温季节在山区或高海拔的阴凉地区麦类自生苗或禾本科杂草上生活。在麦田春、秋两季出现两个高峰，夏季和冬季量少。秋季冬麦出苗后从夏寄主上迁入麦田进行短暂的繁殖，出现小高峰，为害不重。11月中下旬后，随气温下降开始越冬。春季返青后，气温高于6℃开始繁殖，低于15℃繁殖率不高；气温高于16℃，麦苗抽穗时转移至穗部，虫田数量迅速上升，直到灌浆和乳熟期蚜量达到高峰；气温高于22℃，产生大量有翅蚜，迁飞到冷凉地带越夏。

该蚜虫在北方春麦区或早播冬麦区常产生孤雌胎生世代和两性卵生世代，世代交替。在这个地区多于9月迁入冬麦田，11月上旬均温14~16℃进入发生盛期，9月底出现性弱，10月中旬开始产卵，11月中旬均温4℃进入产卵盛期并以此卵越冬。翌年3月中旬进入越冬卵孵化盛期，历时1个月，春季先在冬小麦上为害，4月中旬开始迁移到春麦上，无论春麦还是冬麦，到了穗期即进入为害高峰期。6月中旬又产生有翅蚜，迁飞到冷凉地区越夏。

4. 防治方法

（1）生物防治

充分利用瓢虫、食蚜蝇、草蛉等天敌。据测定，七星瓢虫成虫，日食蚜100头以上，要注意改进施药技术，选用对天敌安全的选择性药剂，减少用药次数和数量，保护天敌免受伤害。当天敌与蚜虫比小于1:150（蚜虫小于150头/百株）时，可不用药防治。必要时可人工繁殖释放或助迁天敌，使其有效地控制蚜虫。当天敌不能控制蚜虫时再选用0.2%苦参碱水剂400倍液，杀蚜效果90%左右，且能保护天敌。

（2）药剂防治

当孕穗期有蚜株率达 50%，百株平均蚜量 200~250 头或灌浆初期有蚜株率 70%，百株平均蚜量 500 头时即应进行防治。在蚜虫发生的中后期用 10% 吡虫啉可湿性粉剂 1500~2000 倍液，或用 50% 抗蚜威可湿性粉剂 2000 倍液喷雾防治，以上药剂对蚜虫天敌基本无害。有小麦白粉病、锈病发生的麦田，在药中加入三唑酮或甲基硫菌灵，可兼治小麦白粉病、锈病等。

（二）麦二叉蚜

麦二叉蚜俗称油虫、腻虫、蜜虫，属同翅目，蚜科。分布全国各地，以华北、西北等地区发生较重。寄主有小麦、大麦、燕麦、高粱、水稻、狗尾草、莎草等禾本科植物。

1. 危害性

在麦类叶片正、反两面或基部叶鞘内外吸食汁液，致麦苗黄枯或伏地不能拔节，喜在作物苗期为害，被害部形成枯斑，其他蚜虫无此症状。受害严重的麦株不能正常抽穗，直接影响产量，此外还可传带小麦黄矮病。

2. 形态特征

无翅孤雌蚜体长 2.0mm，卵圆形，半绿色，背中线深绿色，腹管浅绿色，顶端黑色。中胸腹叉具短柄。额瘤较中额瘤高。触角 6 节，全长超过体之半，喙超过中足基，端节粗短，长为基宽的 1.6 倍。腹管长圆筒形，尾片长圆锥形。有翅孤雌射体长 1.8mm，长卵形。活时绿色，背中线深绿色。头、胸黑色，腹部色浅。触角黑色共 6 节，全长超过体之半；触角第三节具有 4~10 个小圆形次生感觉圈，排成一列，前翅中脉二叉状。

3. 生活习性

麦二叉蚜生活习性与长管蚜相似，年发生 20~30 代，具体代数因地而异。冬春麦混种区和早播冬麦田种群消长动态：秋苗出土后开始迁入麦田繁殖，3 叶期至分蘖期出现一个小高峰，进入 11 月上旬以卵在冬麦田残茬上越冬。翌年 3 月上中旬越冬卵孵化，在冬麦上繁殖几代后，有的以无翅胎生雌蚜继续繁殖，有的产生有翅胎生蚜在冬麦田繁殖扩展，4 月中旬有些迁到春麦上，5 月上中旬大量病虫繁殖，出现为害高峰期，并可引起黄矮病流行。麦二叉蚜在 10~30℃ 发育速度与温度呈正相关，10℃ 以下存活率低，22℃ 胎生繁殖快，30℃ 生长发育最快，42℃ 迅速死亡。该蚜虫在适宜条件下，繁殖力强，发育历期短，在小麦拔节、孕穗期，虫口密度迅速上升，常在 15~20 天百株蚜量可达万头以上。

4. 防治方法

防治麦二叉蚜要抓好秋苗期、返青和拔节期的防治；而麦长叉蚜以扬花末期防治最佳；其他可参考麦长管蚜。

（三）麦黑斑潜叶蝇

麦黑斑潜叶蝇为双翅目，潜蝇科。过去是小麦上的次要害虫，常在局部区域偏轻发生，损失较小。但近年来，北京、天津、河北、山东、河南的华北麦区和陕西、甘肃等地的西北麦区小麦潜叶蝇呈加重发生态势，发生面积扩大，为害程度加重，已对这些地区的小麦生产构成较大威胁。主要为害作物有小麦、燕麦、大麦等。

1. 危害性

主要在小麦越冬前和小麦返青后两个时期为害小麦的叶片。成虫和幼虫共同为害叶片，雌蝇有粗硕的产卵器刺破麦叶产卵，在叶片上半部留下一行行较均匀且类似于条锈病淡褐色针孔状斑点，以后逐渐发展呈黄色小斑点状。卵孵化后，幼虫在麦苗叶片内上下表皮之间为害，潜食叶肉，仅剩透明的上下表皮，虫道较宽，潜痕呈袋状，内有黑色虫粪，被害叶片从叶尖到叶中部枯黄或呈水渍状，严重的造成小麦叶片前半段干枯，影响光合作用和正常生长及小麦壮苗越冬。

2. 形态特征

成虫体长 2mm，黄褐色。头部黄色，间额褐色，单眼三角区黑色，复眼黑褐色，具蓝色荧光。触角黄色，触角芒不具毛。胸部黄色，背面具一"凸"字形黑斑块，前方与颈部相连，后方至中胸后盾片中部，黑斑中央具"V"字形浅注；小盾片黄色，后盾片黑褐色。翅透明浅黑褐色。平衡棍浅黄色。各足腿节黄色。腹部 5 节，背板侧缘、后缘黄色，中部灰褐色生黑色毛；产卵器圆筒形黑色。幼虫体长 2.5~3.0mm，乳白色，蛆状，前气门 1 对，黑色；后气门 1 对黑褐色，各具 1 短柄，分开向后突出。腹部端节下方具 1 对肉质突起，腹部各节间散布细密的微刺。蛹长 2mm，浅褐色，体扁，前后气门可见。

3. 生活习性

一年发生 1~2 代，以蛹在土中越冬，越冬代成虫产卵及为害盛期 3 月中下旬，幼虫孵化盛期在 4 月中旬，化蛹盛期在 4 月下旬。返青越早，长势越好的田块，成虫产卵为害越重。返青后，小麦 1~4 片叶被害最重，每叶被害孔数在

15~30 个，孵出幼虫 1~2 头，幼虫 10 天左右成熟，入土化蛹越冬。

4. 防治方法

（1）幼虫防治

凡被害株率达 15% 或百株虫量达 25 头以上的田块，应及时开展施药防治。在幼虫初发期每亩用 1.8% 阿维菌素乳油 10g 或 48% 毒死蜱乳油 50mL 兑水 30kg 喷雾。

（2）成虫防治

每亩用 80% 敌敌畏乳油 150g 拌细土 20kg 撒施，或用 2.5% 溴氰菊酯 2000 倍液喷雾。

（四）麦秆蝇

麦秆蝇属昆虫纲双翅目麦秆蝇科，又称麦钻心虫、麦蛆，主要为害作物小麦、大麦、燕麦、碱草、白茅草等。分布北起黑龙江、内蒙古、新疆，南至贵州、云南。青海、四川也有发生。新疆、内蒙古、宁夏及河北、山西、陕西、甘肃部分地区为害较重。

1. 危害性

以幼虫钻入小麦等寄主茎内蛀食为害，初孵幼虫从叶鞘或茎节间钻入麦茎，或在幼嫩心叶及穗节基部 1/5 ~ 1/4 处呈螺旋状向下蛀食，形成枯心、白穗、烂穗，不能结实。由于幼虫蛀茎时被害茎的生育期不同，可造成下列四种被害状：①分蘖拔节期受害，形成枯心苗，如主茎被害，则促使无效分蘖增多而丛生，群众常称之为"下退"或"坐罢"；②孕穗期受害，因嫩穗组织破坏并有寄生菌寄生而腐烂，造成烂穗；③孕穗末期受害，形成坏穗；④抽穗初期受害，形成白穗，其中除坏穗外，在其他被害情况下，被害小麦完全无收。

2. 形态特征

雄成虫体长 3~3.5mm，雌虫 3.7~4.5mm，体为浅黄绿色，复眼黑色，胸部背面具 3 条黑色或深褐色纵纹，中间一条纵纹前宽后窄，直连后缘棱状部的末端，两侧的纵纹仅为中纵纹的一半或一多半，末端具分叉。触角黄色，小腮须黑色，基部黄色。足黄绿色。后足腿节膨大。卵长 1mm，纺锤形，白色，表面具纵纹 10 条。末龄幼虫体长 6~6.5mm，黄绿色或淡黄绿色，呈蛆形。蛹属围蛹，雄体长 4.3~4.7mm，雌体长 5.0~5.3mm，蛹壳透明，可见复眼、胸、腹部等。

3. 生活习性

春麦区年生 2 代，冬麦区年生 3~4 代，以幼虫在寄主根茎部或土缝中或杂草上越冬。春麦区翌年 5 月上中旬始见越冬代成虫，5 月底、6 月初进入发生盛期，6 月中下旬为产卵高峰期，卵经 4~7 天孵化，6 月下旬是幼虫为害盛期，为害 20 天左右。7 月上中旬化蛹，蛹期 5~10 天。第一代幼虫于 7 月中下旬麦收前大部分羽化并离开麦田，把卵产在多年生禾本科杂草上。麦秆蝇在内蒙古仅一代幼虫为害小麦，成虫羽化后把卵产在叶面基部。冬麦区 1~2 代幼虫于 4~5 月为害小麦，3 代转移到自生麦苗上，第四代转移到秋苗上为害。河南一年也有两个为害高峰期。幼虫老熟后在为害处或野生寄主上越冬。成虫有趋光性、趋化性，成虫羽化后当天交尾，白天活跃在麦株间，卵多产在 4~5 叶的麦茎上，卵散产，每雌可产卵 20 多粒，多的可达 70~80 粒。该虫产卵和幼虫孵化需较高湿度，小麦茎秆柔软、叶片较宽或毛少的品种，产卵率高，为害重。

4. 防治方法

加强栽培管理，做到适期早播、合理密植。加强水肥管理，促进小麦生长整齐。加快小麦前期生长发育是控制该虫的根本措施。

加强麦秆蝇预测预报，冬麦区在 3 月中下旬，春麦区在 5 月中旬开始查虫，每隔 2~3 天于上午 10 点前后在麦苗顶端扫网 200 次，当 200 网有虫 2~3 头时，约在 15 天后即为越冬代成虫羽化盛期，是第一次药剂防治适期。冬麦区平均百网有虫 25 头，亟须防治。

当麦秆蝇成虫已达防治指标，应马上喷撒 2.5% 敌百虫粉或 1.5% 乐果粉，每亩用 1.5kg。如麦秆蝇已大量产卵，及时喷洒 36% 克螨蝇乳油 1000~1500 倍液，或 80% 敌敌畏乳油与 40% 乐果乳油 1：1 混合后对兑水 1000 倍液，或 10% 吡虫啉可湿性粉剂 3000 倍液，每亩喷兑好的药液 50~75L，把卵控制在孵化之前。

第三节　水稻主要病虫害防治

一、水稻主要病害防治

（一）稻瘟病

1. 病害特征

稻瘟病是各地水稻较普遍发生且对水稻生产影响最严重的病害之一，分布广，为害大，常常造成不同程度的减产，还使稻米品质降低，轻者减产 10%~

20%，重者则导致颗粒无收。播种带病种子可引起苗瘟，苗瘟多发生在三叶前，病苗基部灰黑，上部变褐，卷缩而死，湿度大时病部产生灰黑色霉层。叶瘟多发生在分蘖至拔节期，慢性型病斑，开始叶片上产生暗绿色小斑，逐渐扩大为梭形斑，病斑中央灰白色，边缘褐色，病斑多时有的连片形成不规则大斑。常出现多种病斑如急性型病斑、白点型病斑、褐点型病斑等。节瘟多发生在抽穗以后，起初在稻节上产生褐色小点，后逐渐绕节扩展，使病部变黑，易折断。穗颈瘟多在抽穗后，初形成褐色小点，后扩展使穗颈部变为褐色，也造成枯白穗谷粒瘟多发生开花后至籽粒形成阶段，产生褐色椭圆形或不规则形病斑，可使稻谷变黑，有的颖壳无症状，护颖受害变褐，使种子带菌。

2. 发生规律

稻瘟病病原菌为稻梨孢，属半知菌亚门真菌，病菌以分生孢子或菌丝体在带病稻草或稻谷上越冬，次年7月上旬，温度适宜时，病稻草上的病菌借气流传播到水稻叶片上引起发病，在病斑上发生大批的灰绿色霉层就是病菌靠风、雨再传染到其他叶片、节、穗颈上，造成持续发病。水稻不同品种间抗病性差异较大，种植感病品种、插秧密度过大、施用氮肥过多过晚都会导致发病加重。若7月中下旬阴雨连绵，雨日多，形成低温、高湿、光照少的田间小气候有利于稻瘟病的发生。

3. 防治方法

（1）农业防治

首先是选用抗病品种；及时清除带病植株根系残茬，减少前源；合理密植，适量使用氮肥，浅水灌溉，促植株健壮生长，提高抗病能力。

（2）种子处理

种子处理主要是晒种、选种、消毒、浸种、催芽等。晒种：选择晴天晒种1~2天。选种：将晒过的种子用盐水或硫酸锌选种。浸种消毒：浸种的温度最好是12~14℃，时间在8天左右且积温保持在80~100℃，浸好的种子应该稻壳颜色变深，呈半透明状，透过壳可以看到腹白和种胚，稻粒易掐断。催芽：将充分吸胀水分的种子进行催芽，温度保持在30~32℃，破胸、适温长芽、降温炼芽的原则，当芽长到2mm时即可进行播种。

（3）药剂防治

最佳时间是在孕穗末期至抽穗期进行施药，以控制叶瘟，严防节瘟、茎穗瘟为主，须及时喷药防治。前期每亩喷施70%甲基硫菌灵可湿性粉剂100~140g，

25%多菌灵可湿性粉剂 200g 等药剂，分别兑水 35kg 左右均匀喷雾。中期喷施 20%三环多菌灵可湿性粉剂 100~140g，或 21%咪唑多菌灵可湿性粉剂 50~75g，或 50%三环唑悬乳剂 80~100mL，或 40%稻瘟灵乳油 100~120mL，或 25%咪鲜安乳油 40mL+75%三环唑乳油 30~40mL 等农药，或 20%稻保乐可湿性粉剂 100~120g，分别兑水 35kg 左右均匀喷雾。在孕穗末期至抽穗期，可喷施 20%咪鲜安·三环唑可湿性粉剂 45~65g，或 20%三唑酮·三环唑可湿性粉剂 100~150g，或 30%稻瘟灵乳油 60~80mL，或 40%稻瘟灵可湿性粉剂 80~100g，或 50%异稻瘟净乳油 100~150mL，分别兑水 40kg 喷雾于植株上部。

（二）水稻恶苗病

1. 病害特征

水稻恶苗病又称白秆病，为水稻广谱性真菌病，苗期以徒长型最为普遍，比正常苗高出 1/3 左右假茎和叶片细长，苗色淡黄。旱育秧比水育秧发病重。水稻恶苗病发病主要表现为节间明显伸长，节部常露于叶鞘之外，下部茎节逆生多数不定根，分蘖较少或不分蘖。剥开叶鞘茎秆上还可见白色蛛丝状菌丝。大田发病较轻的提早抽穗，硬形小而不实，抽穗期谷粒也可受害，严重的变褐，不能结实，病轻的不表现症状，但谷粒内部已有菌丝潜伏，常作为传染源传染给下一代。

2. 发生规律

水稻恶苗病的病菌在谷粒和稻草上越冬，次年使用了带病的种子或稻草，病菌就会从秧苗的芽鞘或伤口侵入，引起秧苗发病徒长。带病的秧苗移栽后，把病菌带到大田，引起稻苗发病。当水稻抽穗开花时，病菌经风雨传到花器上，使谷粒和稻草带病菌，循环侵染为害水稻。

3. 防治方法

（1）农业防治

选用无病种子或播种前用药剂浸种是防治的关键措施；及时拔除病株并深埋或销毁；收获后及时清除病残体烧毁；不能用病稻草、谷壳做种子消毒或催芽投送物。

（2）建立无病种子田

加强种子处理，播前晒种、消毒、灭菌要彻底；做好种子包衣或用广谱性杀菌剂拌种。

（3）药剂防治

每亩用 2.5%咯菌腈悬浮剂 200～300mL、50%多菌灵可湿性粉剂 150～200g、60%噻菌灵可湿性粉剂 300～500g，兑水 50～60kg 常规喷雾，或用 16%恶线清可湿性粉剂 25g 加 10%二硫氰基甲烷乳油剂 1000 倍液，或 45%三唑酮·福美双可湿性粉剂 500 倍液、25%丙环唑乳油 1000 倍液、25%咪鲜安乳油 1000～2000 倍液，每亩用稀释液 50～60kg 均匀喷雾。

（三）水稻纹枯病

1. 病害特征

水稻纹枯病是水稻主要病害之一，发生普遍。病害发生时先在叶鞘近水面处产生暗绿色水渍状边缘模糊的小斑点，后渐再扩大呈椭圆形或呈云纹状，由下向上蔓延至上部叶鞘。病鞘因组织受破坏而使上面的叶片枯黄。在干燥时，病斑中央为灰褐色或灰绿色，边缘暗褐色。潮湿时，病斑上有许多白色蛛丝状菌丝体，逐渐形成白色绒球状菌块，最后变成暗褐色菌块，菌核容易脱落土中。产生白色粉状霉层，即病菌的担孢子。叶片染病，病斑呈云纹状，边缘退黄，发病快时病斑呈污绿色，叶片很快腐烂，湿度大时，病部长出白色网状菌丝，后汇聚成白色菌丝团，最后形成深褐色菌核，菌核易脱落。该病严重为害时引起植株倒伏，千粒重下降，秕粒较多，或整株丛腐烂而死亡，或后期不能抽穗，导致绝收，纹枯病以菌核在土壤中越冬，也能由菌丝或菌核在病稻草或杂草上越冬。水稻成熟收割时菌核落在田中，成为第二年或下季稻的主要初次侵染源。春耕插秧后漂浮水面或沉在水底的菌核都能引发生长菌丝，从气孔处直接穿破表皮侵入稻株为害，在组织内部不断扩展，继续生长菌丝和菌核，进行侵染。长期淹灌深水或化肥施用过多过迟，有利于该病菌入侵，也易倒伏，加重病害。

2. 发生规律

水稻纹枯病是真菌性病害，病菌的菌核在种植土壤、禾秆病部、杂草等环境中越冬，是形成病害的初步传染源。在春季进行耕种时，大多数成功越冬的菌核都会在水面上漂浮，然后附着在水稻植株上。当自然环境温度较为适宜时，菌核会不断萌发，形成菌丝，侵染水稻，使水稻发病，而在高温、高湿条件下，可导致水稻纹枯病流行性暴发。在水稻种植后，病害发生过早、过多、过重，是当前稻区普遍存在的现象。

3. 防治方法

（1）农业防治

水稻种植主要在于水稻品种选择，因为好的品种能够阻挡病原菌，减少病害发生概率。通过实践研究可知，当前籼稻植株蜡质保护层较厚，硅化物质较多，实际抗病性较好，粳稻次之，糯稻实际抗病性最差。在相同的种植环境中，早熟品种的抗病性较低，迟熟品种的抗病性较好。

在水稻进行插秧之前需要及时捞出稻田水面上漂浮的菌核，全面减少菌源数。通过放高水位（水位高度 3.3~6.0cm）耙田，使菌核漂浮在水面上，并停留一段时间之后，使漂浮在水面之上的枯枝、杂草、菌核等随风飘浮集中到下风田角、田边之后，通过细纱网等相关工具及时捞出水面上漂浮的枯枝和杂草、菌核，然后将其烧毁，从而能够有效控制菌源数量，对前期发病的早晚、轻重进行有效调控。

培育壮秧、合理密植、插足基本苗，是实现水稻抗病、高产、优质的重要配套技术，也是对纹枯病进行综合防治的有效措施。同时，种植户应施足基肥，合理追肥，增施钾肥，不偏施氮肥，既可促进水稻生长、提高产质，又能提高水稻的抗逆、抗病能力。

（2）化学防治

水稻纹枯病在发病初期，病情发展较为缓慢，发病后期病情发展迅速，为了控制病情必须及时施药防治。在分蘖期，当发现病丛率达到 5%~10% 时即可开始用药防治。大田孕穗期和抽穗期病情发展迅速，必须加强防治，控制病害发展。常规用药可选用井冈毒素粉剂、苯甲丙环唑乳油、异唑醇悬浮剂等农药兑水喷雾，每次施药必须连续使用 2 次，第一次施药后隔 7 天左右再施第二次药，从而才能取得良好的防治效果。此外，施药时注意兑水多一点儿，药水足才能有足量的药液渗到植株中下部，提高防治效果。

二、水稻主要虫害防治

（一）稻蓟马

1. 为害特征

稻蓟马为害叶片造成卷缩枯黄。稻蓟马成虫为黑褐色，有翅，爬行很快，一生分卵、若虫和成虫三个阶段。成虫、若虫均可为害水稻、茭白等禾本科作物的幼嫩部位，吸食汁液，被害的稻叶失水卷曲，稻苗落黄，稻叶上有星星点点的白色斑点或产生水渍状黄斑，心叶萎缩，虫害严重的内叶不能展开，嫩梢干缩，籽粒干瘪，影响产量和品质。若虫和成虫相似，淡黄色很小，无翅，常卷在稻叶的尖端，刺吸稻叶的汁液。由于稻蓟马很小，一般情况下，不易引起人们注意，只是当水稻严重为害而造成大量卷叶时才被发现。因此，要及时检查，把稻蓟马消灭在幼虫期。

2. 形态特征

（1）成虫

成虫体长 1~1.3mm，黑褐色，头近似方形，触角 8 节，翅浅黄色、羽毛状，腹末雌虫锥形、雄虫较圆钝。

（2）卵

卵为肾形，长约 0.26mm，黄白色。

（3）若虫

若虫共 4 龄，4 龄若虫又称蛹，长 0.8~1.3mm，淡黄色，触角折向头与胸部背面。

3. 发生规律

稻蓟马生活周期短，发生代数多，世代重叠，很难划分。多数以成虫在麦田、茭白及禾本科杂草等处越冬。成虫常藏身卷叶尖或心叶内，早晚及阴天外出活动，能飞，能随气流扩散。卵散产于叶脉间，有明显趋嫩绿稻苗产卵习性。初孵幼虫集中在叶耳、叶舌处，更喜欢在幼嫩心叶上为害。若 7—8 月遇低温多雨，则容易发生病害；秧苗期、分蘖期和幼穗分化期，是稻蓟马为害高峰期，尤其是水稻品种混栽田、施肥过多及本田初期受害会加重。

4. 防治方法

（1）农业防治

冬春季及早铲除杂草，特别是秋田附近的游草及其他禾本科杂草等越冬；降低虫源基数；科学规划，合理布局，同一品种、同一类型尽可能集中种植；加强田间管理，培育壮秧壮苗，增强植株抗病能力。

（2）生物防治

稻蓟马的天敌主要有花蝽、微蛛、稻红瓢虫等，要保护天敌，发挥天敌的自然控制作用。

（3）药剂防治

采取"狠治秧田，巧治大田；主攻若虫，兼治成虫"的防治策略。依据稻蓟马的发生为害规律，防治适期为秧苗四叶期、五叶期和稻苗返青期。防治指标为若虫发生盛期，当秧田百株虫量达到200~300头或卷叶株率达到10%~20%，水稻本田百株虫量达到300~500头或卷叶株率达到20%~30%时，应进行药剂防治。可每亩用90%敌百虫晶体1000倍液，或48%毒死蜱乳油80~100mL，或10%吡虫啉可湿性粉剂20g等药剂兑水50kg，田间均匀喷雾，以清晨和傍晚防治效果较好。由于受害水稻生长势弱，适当增施速效肥可帮助其恢复生长，减少损失。

（二）稻苞虫

1. 危害特征

稻苞虫又叫卷叶虫，为水稻常发性虫害之一，常因其为害而导致水稻大幅减产。稻苞虫常见的有直纹稻苞虫和隐纹稻苞虫，但以直纹稻苞虫较为普遍。发生特点是成虫白天飞行敏捷，喜食糖类，如芝麻、黄豆、油菜、棉花等的花蜜。凡是蜜源丰富地区，为害严重。1~2龄幼虫在叶尖或叶边缘纵卷成单叶小卷；3龄后卷叶增多，常卷叶2~8片，多的达15片左右；4龄以后呈暴食性，占一生所食总代的80%。白天苞内取食，黄昏或阴天苞外为害，导致受害植株矮小，穗短粒小、成熟迟，甚至无法抽穗，影响开花结实，严重时期稻叶全被吃光，稻苞虫第一代为害杂草和早稻，第二代为害中稻及部分早稻，第三代为害迟中稻和晚季稻，虫口多，为害重，第四代为害晚稻。

2. 形态特征

（1）成虫

成虫体长16~20mm，翅展28~40mm，体及翅均为棕褐色，并有金黄色光泽。前翅有7~8枚排成半环状的白斑。后翅中间具4个半透明白斑，呈直线或近直线排列。

（2）卵

卵半球形，直径0.8~0.9mm，初产时淡绿色，孵化前变褐色至紫褐色，卵顶花冠具8~12瓣。

（3）幼虫

幼虫两端细小，中间粗大，略呈纺锤形。末龄幼虫体长27~28mm，体绿色，头黄褐色，中部有"XV"形深褐色纹。背线宽而明显，深绿色。

（4）蛹

蛹长 22~25mm，黄褐色，近圆筒形，头平尾尖。初蛹嫩黄色，后变为淡黄褐色，老熟蛹变为灰黑褐色，第 5、6 腹节腹面中央有 1 个倒"八"字形纹。

3. 发生规律

稻苞虫每年发生 4~5 代。以老熟幼虫在田边、沟边、塘边等处的芦苇等杂草间，以及稻茬和再生稻上结位越冬，越冬场所分散。越冬幼虫翌春小满而化蛹羽化为成虫后，主要在野生寄主上产卵繁殖 1 代，以后的成虫飞至稻田产卵。以 6—8 月发生的 2、3 代为主害代。成虫夜伏昼出，飞行力极强，以嗜食花蜜补充营养。有趋绿产卵的习性，喜在生长旺盛、叶色浓绿的稻叶上产卵；卵散产，多产于寄主叶的背面，一般 1 叶仅有卵 1~2 粒，少数产于叶鞘。单雌产卵量 65~220 粒。初孵幼虫先咬食卵壳，爬至叶尖或叶缘，吐丝缀叶结苞取食，幼虫白天多在苞内，清晨或傍晚，或在阴雨天气时常爬出苞外取食，咬食叶片，不留表皮，大龄幼虫可咬断小枝梗。3 龄后抗药力强。有咬断叶苞坠落，随苞漂流或再择主结苞的习性。田水落干时，幼虫向植株下部老叶转移，灌水后又上移。幼虫共 5 龄，老熟后，有的在叶上化蛹，有的下移至稻丛基部化蛹。化蛹时，一般先吐丝结薄茧，将腹部两侧的白色蜡质物堵塞于茧的两端，再蜕皮化蛹。山区野生蜜源植物多，有利于繁殖；阴雨天，尤其是时晴时雨，有利于大发生。

4. 防治方法

（1）农业防治

合理密植，科学施肥；防旺长、防徒长，避免造成田间郁闭；收获后及时清除病残体，深耕翻细整地，使地面平整。

（2）生物防治

保护利用寄生蜂等天敌昆虫。

（3）药剂防治

当百丛水稻有卵 80 粒或幼虫 10~20 头时，在幼虫 3 龄以前，抓住重点田块进行药剂防治。每亩可用 90% 晶体敌百虫 75~100g，或 50% 杀螟松乳油 100~250mL 等药剂，兑水喷雾。

（三）稻飞虱

1. 为害特征

稻飞虱种类较多，而为害较大的主要有褐飞虱、灰飞虱、白背飞虱等，全国各地及黄淮流域普遍发生。以成虫、若虫群集于稻丛下部刺吸汁液，稻苗被害部分出现不规则的小褐斑，严重时，稻株基部变为黑褐色。由于茎组织被破坏，养分不能上升，稻株逐渐凋萎而枯死，或者倒伏。水稻抽穗后的下部稻茎衰老，稻飞虱转移上部吸嫩穗颈，使稻粒变成半饱粒或空壳，严重时造成稻株过早干枯。各地因水稻茬口飞虱种类、有效积温等不同而有较大差异，黄海流域一年发生3~6代不等，虫口密度高时迁飞转移，多次危害。

2. 形态特征

稻飞虱体形小，触角短锥状，有长翅型和短翅型。

（1）褐飞虱

褐飞虱长翅型成虫体长3.6~4.8mm，短翅型体长2.5~4mm，短翅型成虫翅长不超过腹部，雌虫体肥大。深色型头顶至前胸、中胸背板暗褐色，有3条纵隆起线；浅色型体黄褐色。卵呈香蕉状，产在叶鞘和叶片组织内，长0.6~1mm，常数粒至一二十粒排列成串。老龄若虫分5龄，体长3.2mm，初孵时淡黄白色，后变为褐色。

（2）白背飞虱

白背飞虱体灰黄色，有黑褐色斑，长翅型成虫体长3.8~4.5mm，短翅型2.5~3.5mm，体肥大，翅短，仅及腹部一半，头顶稍突出，前胸背板黄白色，中胸背板中央黄白色，两侧黑褐色。卵长约0.8mm，长卵圆形，微弯，产于叶鞘或叶片组织内，一般7~8粒单行排列。老龄若虫体长2.9mm，初孵时，乳白色有灰色斑，3龄后为淡灰褐色。

（3）灰飞虱

灰飞虱体浅黄褐色至灰褐色，长翅型成虫体长3.5~4mm，短翅型体长2.3~2.5mm，均较褐飞虱略小。头顶与前胸背板黄色，中胸背板雄虫黑色，雌虫中部淡黄色，两侧暗褐色。卵长椭圆形稍弯曲，双行排成块，产在叶鞘和叶片组织内。老龄若虫体长2.7~3mm，呈深灰褐色。

3. 发生规律

稻飞虱具有迁飞性和趋光性，且喜趋嫩绿，暴发性和突发性强，还能传染某些病毒病，是稻区主要害虫之一。稻飞虱在各地每年发生的世代数差异很大，世代间均有重叠现象。褐飞虱和白背飞虱属远距离迁飞性害虫，灰飞虱属本地越冬害虫，以卵在各发生区杂草组织中或以若虫在田边杂草丛中越冬。褐飞虱和白背飞虱初次虫源都是从南方迁入，一般年份从6月中旬开始迁入，8月下旬至10月上旬开始往南回迁，7月中旬至9月上旬是稻飞虱的发生盛期，一旦条件适宜，往往暴发成灾，通常造成水稻倒秆、"穿顶"和"黄塘"。稻飞虱成虫和若虫都可以取食为害，以高龄若虫取食为害最重。成虫有短翅型和长翅型两种，长翅型成虫适合迁飞，短翅型成虫适宜定居繁殖，其产卵量显著多于长翅型成虫，短翅型成虫大量出现时是虫害大发生的预兆。

褐飞虱是喜温型昆虫，在北纬25°以北的广大稻区不能越冬，生长发育的适宜温度为20~30℃，最适温度为26~28℃，要求相对湿度80%以上。1只褐飞虱雌成虫能产卵300~400粒，主害代卵一般7~13天孵化为若虫，成虫寿命15~25天。褐飞虱为害的轻重，主要与迁入的迟早、迁入量、气候条件、品种布局和品种抗（耐）虫性、栽培技术及天敌因素有关。盛夏不热、晚秋不凉、夏秋多雨等易发生，高肥密植稻田的小气候有利于其生存。

白背飞虱安全越冬的地域、温度等习性与褐飞虱近似，迁飞规律与褐飞虱大致相同，但食性和适应性较褐飞虱稍宽，在稻株上取食的部位比褐飞虱稍高，可在水稻茎秆和叶片背面活动，能在15~30℃下正常生存，要求相对湿度80%~90%。初夏多雨、盛夏长期干旱，易引起大发生。白背飞虱一只雌成虫可产卵200~600粒。7~11天孵化为若虫，成虫寿命16~23天，其习性与褐飞虱相似。

灰飞虱一般先集中田边为害，后蔓延田中。越冬代以短翅型为多，其余各代长翅型居多，每雌产卵量100多粒。灰飞虱耐低温能力较强，但对高温适应性差，适温为25℃左右，超过30天发育速率延缓，死亡率高，成虫寿命缩短。7—8月降雨少的年份有利于其发生。

4. 防治方法

（1）农业防治

实施连片种植，合理布局，防止田间长期积水，浅水勤灌；合理施肥，防止田间封行过早，稻苗徒长隐蔽，增加田间通风透光。

（2）滴油杀虫

每亩滴废柴油或废机油400~500g，保持田中有浅水层20cm，人工赶虫，虫落水触油而死亡。治完后更换清水，孕穗期后忌用此法。

（3）药物防治

施药最佳时间，应掌握在若虫高峰期＼水稻孕穗期或抽穗期，每百丛虫量达1500头以上时施药防治。可用58%吡虫啉1000~1500倍液，或20%吡虫啉·三唑磷乳油600倍液，或10%噻嗪，吡虫啉可湿性粉剂500~800倍液，每亩需要喷洒稀释药液50~60kg。注意喷药时应先从田的四周开始，由外向内，实行围歼。喷药要均匀周到，注意把药液喷在稻株中、下部。或用噻嗪酮可湿性粉剂20~25g，或20%叶蝉散乳油150mL，兑水50~60kg常规喷雾，或兑水5~7.5kg超低量喷雾。在水稻孕穗末期或圆秆期至灌浆乳熟期，可用25%噻嗪、异丙威可湿性粉剂100~120g、50%二嗪磷乳油75~100mL、20%异丙威乳油150~200mL、45%杀螟硫磷乳油60~90mL、25%甲硫乙霉威可湿性粉剂200~260g，分别兑水50~60kg均匀喷雾。可兼治二化螟、三化螟、稻纵卷叶螟等。

第四节　玉米主要病虫害防治

一、玉米病害防治

（一）玉米大斑病

玉米大斑病又称条斑病、煤纹病，是国内外玉米上的重要病害之一。目前几乎所有玉米产区都有发生，但在20世纪70年代以前，除个别地区、个别年份为害较重外，一般为害不大。自20世纪70年代以后，随着感病杂交种的推广及栽培制度的改变，本病逐年加重；20世纪80年代，由于感病杂交种被淘汰，此病大面积流行为害才得以控制。近年来，由于病菌新小种的产生和某些感病品种扩大种植，此病在部分地区又有回升之势，仍成为我国北方玉米产区主要病害之一。在南方，此病主要发生在海拔较高、气温较低的山区。

1. 症状

主要为害玉米的叶片、叶鞘和苞叶。叶片染病先出现水渍状青灰色斑点，然后沿叶脉向两端扩展，形成边缘暗褐色、中央淡褐色或青灰色的大斑。后期病斑常纵裂。严重时病斑融合，叶片变黄枯死。潮湿时病斑上有大量灰黑色霉层下部叶片先发病。在单基因的抗病品种上表现为褪绿病斑，病斑较小，与叶脉平行，色泽黄绿或淡褐色，周围暗褐色。有些表现为坏死斑。

2. 传播途径

大斑病菌以菌丝体、分生孢子在田间玉米病残体上越冬。分生孢子细胞可以转化为孢子。分生孢子在风力作用下可进行长距离传播，在田间由植株叶片上的病斑产生大量的分生孢子引起再次传播。大斑病菌孢子在温度 15~30℃、多露水的条件下发生侵染，侵染期的最适温度为 20℃。在 20℃ 病斑形成需 5 小时以上的露期，病斑数随露期的延长和接种体数量的增加而增多。强光照抑制分生孢子的萌发，蓝光比红光的抑制作用更强。侵染后 48~72 小时在叶片上出现肉眼难以观察到的褪绿小点，在 8~10 天形成小的萎靡病斑。病斑发育所需要的时间依温度而异，合适温度为 25~30℃，低温下需要的时间较长。在潮湿的天气病斑中的坏死组织上产生分生孢子。因此，玉米生长期中的中温、高温和光照的气候有利于大斑病的发生。干旱的天气则延缓它的发生，降低流行强度。如果大斑病的流行发生在玉米吐丝以前，则籽粒产量的损失可达 50%。而当其流行发生迟，在吐丝后 6 周，或其侵害仅达中等程度时则产量损失很小。

3. 流行发病条件

此病的发生流行主要决定于玉米品种的抗病性、气候条件、栽培条件和耕作制度等。

（1）品种抗病性

目前，尚未发现具有免疫的玉米品种，但玉米品种间对大斑病菌的抗性有明显差异，种植感病品种是病害大流行的主要原因。

（2）气候条件

在具有足够菌落和一定面积的感病品种时，大斑病的发病程度主要决定于温度和雨水。该病的发病适温为 20~25℃，超过 28℃ 对病害有抑制作用；适宜发病的湿度条件是相对湿度在 90% 以上，这对孢子的形成、萌发和侵入都有利。因此，7~8 月，如果温度偏低，多雨高湿，日照不足，容易导致大斑病发生和流行。中国北方各玉米产区，6—8 月气温大多适于发病，这样降雨就成为大斑病发病轻重的决定因素。

（3）耕作与栽培措施

玉米连作地病重，轮作地病轻；单作地病重，间套作地病轻。合理的间套作和适时轮作，可改变田间小气候，利于通风透光，减低田间湿度，减少田间菌源，从而减轻病害的发生和危害。种植春玉米晚播都比早播的病重，原因是玉米生长后期抗病性降低，又赶上雨季，利于发病。此外，栽培过密的玉米地块要比栽培较稀的地块病重；远离村边或玉米秸秆的玉米地块病轻，地势低洼的地块病重。凡田间病斑出现较晚的年份，不管后期气候条件如何，大斑病的发生都不会太严重；而田间病斑出现较早的年份，除非玉米抽穗后相当长的一段时间遇上严重干旱的年份，一般发病都较严重。

4. 防治方法

该病的防治应以种植抗病品种为主，加强农业防治，辅以必要的药剂防治。

（1）选择抗病品种

根据当地优势小种选择抗病品种，注意防止其他小种的变化和扩散，选用不同抗性品种及兼抗品种。

（2）减少菌源

在发病初期及时摘除玉米下部叶片，拔除严重发病株减少病原菌，大斑病严重发生年在玉米收获后彻底清除田间病残体，并集中处理或做堆肥高温发酵处理病菌，特别严重发病地块应轮作其他作物。

（3）加强栽培管理

适时早播，可以使玉米提早抽穗，错过夏季7—8月的多雨天气，尤其对夏玉米避病、增产具有明显作用。育苗移栽，如营养钵育苗移栽技术，也是实现早播促使玉米生长健壮，增强抗病能力，避过高温多雨发病适期，减轻发病率的有效措施。增加农家肥、磷肥、锌肥的使用量，改变单一使用氮肥的施肥习惯，保证植株健壮生长。采取合理的密植技术，增加通风透光，降低田间湿度，改善田间小气候，可有效地抑制和减轻大斑病的发生。

（4）药剂防治

用18.7%丙环·嘧菌酯悬乳剂53～75g，或用50%多菌灵可湿性粉剂500倍液，或用25%粉锈宁可湿性粉剂1000倍液，或用75%的百菌清可湿性粉剂300～500倍液，或用70%的甲基硫菌灵可湿性粉剂800倍液等喷雾，1～10天喷药1次，连喷2～3次。要在抽穗结束之前控制病情在3叶之下（结穗位置叶片、穗上叶和穗下叶），只有这样才能对产量影响较低。

（二）玉米小斑病

玉米小斑病又称玉米斑点病、玉米南方叶枯病，是国内外普遍发生的真菌性病害，为我国玉米产区重要病害之一，主要发生在气候温暖潮湿的夏玉米产区。该病在河北、河南、安徽、北京、天津、山东、湖北、广东、广西、陕西等地为害较重。

1. 症状

玉米小斑病从苗期到成熟期均可发生，以玉米抽穗后发病重。主要为害叶片，也为害叶鞘和苞叶。叶片上病斑比大斑病小得多，但病斑数量多。初为水浸状，以后变为黄褐色或红褐色，边缘颜色较深，椭圆形、圆形或长圆形，大小（5~10）mm×（3~4）mm，病斑密集时常互相连接成片，形成较大型枯斑。多雨潮湿天气，有时在病斑上可看到黑褐色霉层，但一般不易见到，可采用保湿法诱发产孢。多从植株下部叶片先发病，向上扩展。

高温潮湿天气，前两种病斑周围或两端可出现暗绿色浸润区，幼苗上尤其明显，病叶萎蔫枯死快，叫"萎蔫性病斑"；后一种病斑，当数量多时也连接成片，使病叶变黄枯死，但不表现萎蔫状，叫"坏死性病斑"。T形雄性不育系玉米被小斑病菌"T"小种侵染后，叶片、叶鞘、苞叶上均可受害，病斑较大，叶片上的病斑大小为（10~20）mm×（5~10）mm，苞叶上为直径2cm的大型圆斑、黄褐色、边缘红褐色，周围明显的中毒圈，病斑上霉层较明显。"T"小种病菌可侵染果穗，引起穗腐，这是与小斑病菌"O"小种的主要区别流行规律。

2. 传播途径与发病条件

主要以休眠菌丝体和分生孢子在病残体上越冬，成为翌年发病初侵染源。

分生孢子借风雨、气流传播，侵染玉米，在病株上产生分生孢子进行再侵染。发病适宜温度26~29℃，产生孢子最适温度23~25℃。孢子在24℃下，1小时即能萌发。遇充足水分或高温条件，病情迅速扩展。玉米孕穗、抽穗期降水多、湿度高，容易造成小斑病的流行。低洼地、过于密植荫蔽地、连作田发病较重。

3. 防治方法

由于玉米种植面积大，而且叶斑病发病范围广，发病期集中，所以一旦流行，采用局部小范围的措施防治较为困难。因此，应侧重大范围的预防为主的措施。

①因地制宜选用抗病品种，如农大108、郑单958、成单10号等。

②加强栽培管理，在拔节及抽穗期追施复合肥，及时中耕、排灌，促进健壮生长，提高植株抗病能力。

③清洁田园，将病残体集中处理，减少发病来源。发病初期，当下部两叶片

发病率在 20% 左右时，应立即去除病叶，摘除的病叶带出田外深埋或处理，隔 7~10 天再去除 3~5 片叶，对控制病害扩展有明显效果。大面积进行，而且短期内完成效果明显。摘除病叶后立即施肥浇水，促进生长，增强抗病能力。

④增施磷、钾肥，加强田间管理，增强植株抗病能力。

⑤药剂防治。发病初期及时喷药，常用药剂有 50% 多菌灵可湿性粉剂 500 倍液，或用 65% 代森锰锌可湿性粉剂 500 倍液，或用 70% 甲基硫菌灵可湿性粉剂 800 倍液，或用 75% 百菌清可湿性粉剂 800 倍液，或用 18.7% 丙环·嘧菌酯悬乳剂 53~75g。

（三）玉米灰斑病

玉米灰斑病别名尾孢叶斑病、玉米霉斑病，是我国北方玉米产区近年来新发生的一种危害性很大的病害，是近年上升很快、为害较严重的病害之一。

1. 症状

玉米灰斑病在整个生育期皆可发生，但以抽穗期和灌浆期发病为重，主要为害叶片。发病初期为水渍状淡褐色斑点，这些条斑与叶脉平行延伸，常呈矩形，对光透视更为明显，病斑中间灰色，边缘有褐色线。后期变为褐色。病斑多限于平行叶脉之间，大小 （4~20） mm×（2~5） mm。湿度大时，病斑背面生出灰色霉状物，即病菌分生孢子梗和分生孢子。

2. 传播途径与发病条件

病菌主要以菌丝随病残体越冬，成为翌年初侵染源。以后病斑上产生分生孢子侵染，不断扩展蔓延。一般 7—8 月多雨的年份易发病。个别地块可引致大片叶片干枯。品种间抗病性有差异。

灰斑病的发生，受气候条件的影响明显，尤其以湿度为关键，病害多在温暖潮湿、雾日较多，连年种植感病品种的地区发生，苗期低温多雨，成株期高温多湿，长期阴雨连绵，适宜病害流行和发生，植株叶片生理年龄直接影响病害发生、发展，生理年龄越大越易感病，加之此病害多从下部叶片开始发生，随着向上部叶片下延。海拔高低对病害有影响，玉米灰斑病的发生与海拔的高低呈正相关，海拔越低病害越轻，海拔越高病害越重。

玉米品种之间存在抗性差异，灰斑病发生流行素中，不同品种的发病程度都不同；同一品种在不同的生育期抗病性不同，玉米苗期抗病基本不发病，拔节期到抽穗期开始发病，灌浆期至乳熟期达到发病高峰期。

播种时间推迟，栽培密度过大，使玉米植株过于荫蔽，偏施氮肥，管理粗放，后期脱肥的地块植株抗病力弱均有利于灰斑发生发展。在施用氮肥的基础上，增施磷肥和钾肥，可使植株生长健壮，提高植株抗病能力。

3. 防治方法

（1）选用抗病品种

选用抗性好、适应性广、丰产性好的杂交玉米良种作为当家品种。

（2）清除田间病残体

玉米收获后，及时清除田间病株残体，玉米秆叶堆沤农家肥的，肥料要充分腐熟后才能施用于地块、田间。

（3）合理密植，增施磷钾肥

每亩种植密度 3500~4000 株，增加田间通风透光条件，每亩施普钙 50kg，硫酸钾 10kg，促使玉米健壮生长，提高抗病能力。

（4）开沟排水

对低凹田块四周挖排水沟，防止雨后田间积水，降低空气湿度，是防病的重点。

（5）药剂防治

根据玉米灰斑病发生、发展和危害特点，药剂防治主要在玉米大喇叭口期、抽穗期和灌浆初期三个关键时期进行药剂防治，在喷药时以每张叶片正反面喷施为标准。由于玉米灰斑病是从玉米的脚叶自下而上发生和蔓延，早期摘除病叶或上喷下部叶，目的是控制下部叶片上的病菌往上部叶片蔓延，防止重复侵染，达到控制病害蔓延的目的。防治药剂可用以下农药单剂及交替使用，每亩施用 80%代森锰锌 60g、25%丙环唑 30g，或 50%甲基硫菌灵 100g 等药剂兑水喷雾。

（四）玉米炭疽病

1. 症状

为害叶片，病斑梭形至近梭形，中央浅褐色，四周深褐色，大小（2~4）mm×（1~2）mm，病部生有黑色小粒点，即病菌分生孢子盘，后期病斑融合，致叶片枯死。病菌以分生孢子盘或菌丝块在病残体上越冬。翌年产生分生孢子借风雨传播，进行初侵染和再侵染。高温多雨易发病。

2. 防治方法

深翻土壤，及时中耕，提高地温。必要时喷洒 50% 甲基硫菌灵可湿性粉剂 800 倍液或 50% 苯菌灵可湿性粉剂 1500 倍液。

二、玉米的虫害防治

（一）玉米田桃蛀螟

桃蛀螟，又名桃斑螟，俗称桃蛀心虫、桃蛀野螟，鳞翅目，草螟科。寄主作物有高粱、玉米、桃、向日葵等。在各种植区均有发生，主要蛀食雌穗，也可蛀茎，受害株率达 30%~80%。近年来，由于农业产业结构的调整及气候的变化等，该虫在国内很多地区为害逐年快速加重，在我国，主要在黄淮海的夏玉米和西南丘陵玉米区的秋玉米上为害重，在部分地方桃蛀螟为害玉米的程度，已经超过玉米螟，桃蛀螟占钻蛀雌穗为害的 95%，成为玉米穗上最重要的害虫。

1. 危害性

桃蛀螟以老熟幼虫在玉米、向日葵、藤麻等残株内结茧越冬。第 1 代成虫在 5—6 月发生，主要为害果树。7—8 月发生第 2 代，主要为害高粱穗部、玉米茎秆和果穗、向日葵和蓖麻等。在玉米田，玉米吐丝散粉期，桃蛀螟成虫开始产卵，主要落卵部位为雄穗、雌穗着生叶、花丝、叶鞘、苞叶和雌穗上部叶片上。幼虫孵化后主要在玉米果梗上取食为害，取食籽粒和穗轴，也蛀茎为害。桃蛀螟等为害雌穗和籽粒后，除造成直接产量损失外，还诱发玉米穗腐病的发生，相应地增加了霉菌毒素在玉米籽粒中的积累，从而导致玉米品质下降。

在玉米茎秆上，玉米螟和桃蛀螟的虫口数量接近；在雌穗，桃蛀螟的数量明显多于玉米螟。两个种群在不同部位的分布显示，玉米螟在茎秆下部和雌梗基部的分布比例较大，桃蛀螟则较多地分布在茎秆下部和雌穗端部。

2. 形态特征

成虫体长 12mm，翅展 22~25mm，黄至橙黄色，体、翅表面具许多黑斑点似豹纹，胸背有 7 个，腹背第 1 和第 3 至第 6 节各有 3 个横列，第 7 节有时只有 1 个，第 2、第 8 节无黑点，前翅 25~28 个，后翅 15~16 个，雄第 9 节末端黑色，雌不明显。卵椭圆形，长 0.6mm，宽 0.4mm，表面粗糙布细微圆点，初乳白渐变橘黄、红褐色。幼虫体长 22mm，体色多变，有淡褐、浅灰、浅灰蓝、暗红等色, 腹面多为淡绿色。头暗褐, 前胸盾片褐色, 臀板灰褐, 各体节毛片明显, 灰褐至黑褐色, 背面的毛片较大, 第 1~8 腹节气门以上各具 6 个, 成 2 横列, 前 4 后 2。气门椭圆形, 围气门片黑褐色突起。蛹长 13mm, 初淡黄绿后变褐色, 臀棘细长, 末端有刺 6 根。茧长椭圆形, 灰白色。

3. 生活习性

辽宁省年发生 1~2 代, 河北省、山东省、陕西省 3 代, 河南省 4 代, 长江流域 4~5 代, 均以老熟幼虫在玉米、向日葵、蓖麻等残株内结茧越冬。在河南 1 代幼虫于 5 月下旬至 6 月下旬先在桃树上为害, 2~3 代幼虫在桃树和高粱上都能为害。第 4 代则在夏播玉米、高粱和向日葵上为害, 以 4 代幼虫越冬, 翌年越冬幼虫于 4 月初化蛹, 4 月下旬进入化蛹盛期, 4 月底至 5 月下旬羽化, 越冬代成虫把卵产在桃树上。6 月中旬至 6 月下旬 1 代幼虫化蛹, 1 代成虫于 6 月下旬开始出现, 7 月上旬进入羽化盛期, 2 代卵盛期跟着出现, 这时春播玉米抽穗扬花, 7 月中旬为 2 代幼虫为害盛期。2 代羽化盛期在 8 月上中旬, 这时春玉米近成熟, 晚播玉米和早播夏玉米正抽穗扬花, 成虫集中在这些玉米上产卵, 第 3 代卵于 7 月底 8 月初孵化, 8 月中下旬进入 3 代幼虫为害盛期。8 月底 3 代成虫出现, 9 月上中旬进入盛期, 这时玉米和桃果已采收, 成虫把卵产在晚夏玉米、高粱和晚熟向日葵上, 9 月中旬至 10 月上旬进入 4 代幼虫发生为害期, 10 月中下旬气温下降则以 4 代幼虫越冬。

成虫羽化后潜伏在玉米田经补充营养才产卵, 把卵产在吐穗扬花的玉米上, 卵单产, 每雌可产卵 169 粒。初孵幼虫蛀入幼嫩籽粒中, 堵住蛀孔在粒中蛀害, 蛀空后再转到另外的粒蛀害。3 龄后则吐丝结网, 在隧道中穿行为害, 严重地把整穗籽粒蛀空。幼虫老熟后在穗中或叶腋、叶鞘、枯叶处及高粱、玉米、向日葵秸秆中越冬, 雨多年份发生重。

4. 防治方法

（1）选择抗性品种

利用品种的抗性控制害虫是最经济有效的措施, 玉米品种对螟的抗性存在差异。在对黄淮海夏玉米区不同玉米品种抗性调查中, 品种间抗性是存在的, 可选择对桃蛀螟有一定抗性的玉米品种。

（2）化学防治

对于穗期虫害, 由于玉米植株高, 种植密度大, 采用喷药方法防治穗期桃蛀螟比较困难, 可以在大喇叭口期施用毒死蜱颗粒剂, 对穗期桃蛀螟等有一定防效。抽穗后用辛硫磷、毒死蜱等杀虫剂 1500~2000 倍液喷施果穗及其上、下几个叶的叶腋处，有很好的防治效果，或在玉米果穗顶部或花丝上滴 50%辛硫磷乳油等药剂 300 倍液 1~2 滴，对蛀穗害虫防治效果好。

（3）生物防治

由于桃蛀螟食性复杂，世代重叠严重，特别是在玉米田为害主要是在玉米抽穗后，且发生时期较玉米螟晚，产卵高峰在玉米花丝萎蔫后，这个时期由于玉米植株高大，化学防治十分困难。因此，可以筛选对桃蛀螟有很好控制效果的优良赤眼蜂蜂种或品系，进行繁殖和释放技术研究。

（二）亚洲玉米螟

亚洲玉米螟，又称玉米螟，俗称箭杆虫、玉米钻心虫等，属鳞翅目螟蛾科。主要为害作物为玉米、高粱、谷子、棉花，此外也能为害小麦、大麦、马铃薯、豆类、向日葵、甘蔗、甜菜、茄子、番茄等，寄主种类多达 150 种，其中玉米受害最重。每年可造成产量损失 5%~15%。

1. 危害性

玉米螟以幼虫为害，可造成玉米花叶、折穗、折秆、雌穗发育不良、籽粒霉烂而导致减产。初孵幼虫为害玉米嫩叶取食叶片表皮及叶肉后即潜入心叶内蛀食心叶，使被害叶呈半透明薄膜状或成排的小圆孔，称为花叶；玉米打包时幼虫集中在苞叶或雄穗包内咬食雄穗；雄穗抽出后，又蛀入茎秆，风吹易造成折穗；雌穗长出后，幼虫虫龄已大，大量幼虫到雌穗上为害籽粒或蛀入雌穗及其附近各节，食害髓部破坏组织，影响养分运输使雌穗发育不良，千粒重降低，在虫蛀处易被风吹折断，形成早枯和瘪粒。

2. 形态特征

成虫体长 10~13mm，翅展 24~35mm，黄褐色蛾子。雌蛾前翅鲜黄色，翅基 2/3 部位有棕色条纹及 1 条褐色波纹，外侧有黄色锯齿状线，向外有黄色锯齿状斑，再外有黄褐色斑。雄蛾略小，翅色稍深；头、胸、前翅黄褐色，胸部背面淡黄褐色；前翅内横线暗褐色，波纹状，内侧黄褐色，基部褐色；外横线暗褐色，锯齿状，外侧黄褐色，再向外有褐色带与外缘平行；内横线与外横线之间褐色；缘毛内侧褐色，外侧白色；后翅淡褐色，中央有 1 条浅色宽带，近外缘有黄褐色带，缘毛内半淡褐色，外半白色。

卵长 1mm，扁椭圆形，鱼鳞状排列成卵块，初产乳白色，半透明，后转黄色，表具网纹，有光泽。幼虫体长 25mm，头和前胸背板深褐色，体背为淡灰褐色、淡红色或黄色等，第 1~8 腹节各节有两列毛瘤，前列 4 个腹节以中间 2 个腹节较大，圆形，后列 2 个。蛹长 14~15mm，黄褐至红褐色，第 1~7 腹节腹面具有两列刺毛，臀棘显著，黑褐色。

3. 生活习性

玉米螟发生世代，随纬度变化而异。东北及西北地区 1 年 1~2 代，黄淮及华北平原 2~4 代，江汉平原 4~5 代，广东、广西和台湾等地 5~7 代，西南地区 2~4 代。玉米螟均以老熟幼虫在寄主被害部位及根茬内越冬。各地越冬代成虫出现的时间：广西在 4 月上旬至 5 月上旬；湖南 5 月中下旬至 6 月下旬；山东 5 月上旬至 6 月中旬；北京 5 月下旬至 6 月中旬；辽宁 6 月中旬至 7 月中旬；黑龙江、吉林 6 月中下旬至 7 月中旬。在北方越冬幼虫 5 月中下旬进入化蛹盛期，5 月下旬至 6 月上旬越冬代成虫盛发期，在春玉米或高粱上产卵。1 代幼虫 6 月中下旬盛发为害，此时，春玉米正处于心叶期，为害很重。在棉花、玉米混种区，若春玉米面积小，棉花受害也会较重，造成断头和倒叶。2 代幼虫 7 月中下旬为害夏玉米（心叶期）和春玉米（穗期）。3 代幼虫 8 月中下旬进入盛发期，为害夏玉米穗及茎部。在春玉米种植区，玉米收获后，2 代成虫则转移到棉田产卵，为害棉花青铃。幼虫老熟后于 9 月中下旬进入越冬。

成虫昼伏夜出，有趋光性。成虫将卵产在玉米叶背中脉附近，一般每块卵 20~60 粒，每雌可产卵 400~500 粒，卵期 3~5 天。幼虫 5 龄，历期 17~24 天。初孵幼虫有吐丝下垂习性，并随风或爬行扩散，钻入心叶内啃食叶肉，只留表皮。3 龄后蛀入为害，雄穗、雌穗、叶鞘、叶舌均可受害。老熟幼虫一般在被害部位化蛹，蛹期 6~10 天。在玉米螟越冬基数大的年份，田间第 1 代卵及幼虫密度高，一般发生、为害较重。

幼虫多在上午孵化，幼虫孵化后先群集在卵壳上，有啃食卵壳的习性，经 1 小时左右开始爬行分散、活泼迅速、行动敏捷，被触动或被风吹即吐丝下垂，随风飘移而扩散到邻近植株。幼虫有趋糖、趋触（幼虫要求整个体壁尽量保持与植物组织接触的一种特性）、趋湿、背光 4 种习性。所以，4 龄前表现潜藏，潜藏部位一般都在当时玉米植株上含糖量较高、潮湿而又隐蔽的心叶、叶腋、雄穗包、雌穗花丝、雌穗基部等，取食尚未展开的心叶叶肉，或将纵卷的心叶蛀穿，致使叶片展开后出现排列整齐的半透明斑点或孔洞，即俗称花叶。4 龄后幼虫开始蛀茎，并多从穗下部蛀入，蛀孔处常有大量锯末状虫粪，是识别玉米螟的明显特征，也是寻找玉米螟幼虫的洞口。

4. 防治方法

防治玉米螟应采取预防为主的综合防治措施，在玉米螟生长的各个时期采取对应的有效防治方法。

（1）防治越冬幼虫

在玉米螟越冬后幼虫化蛹前期，处理秸秆、机械灭茬、白僵菌封垛等方法来压低虫源，减少化蛹羽化的数量。白僵菌封垛的方法是：越冬幼虫化蛹前（4月中旬），把剩余的秸秆垛按每立方米100g白僵菌粉，每立方米垛面喷一个点，喷到垛面飞出白烟（菌粉）即可。一般垛内杀虫效果可达80%左右。

（2）防治成虫

因为玉米螟成虫在夜间活动，有很强的趋光性，所以设频振式杀虫灯、黑光灯、高压汞灯等诱杀玉米螟成虫。一般在5月下旬开始诱杀，7月末结束，晚上太阳落下开灯，早晨太阳出来闭灯。不仅诱杀玉米螟成虫，还能诱杀所有具有趋光性害虫。

（3）防治虫卵

利用赤眼蜂卵寄生在玉米螟的卵内吸收其营养，致使玉米螟卵被破坏死亡而孵化出赤眼蜂，以消灭玉米螟虫卵来达到防治玉米螟的目的。方法是：在玉米螟化蛹率达20%后推10天，就是第1次放蜂的最佳时期，约6月末到7月初，隔5天为第2次放蜂期，2次每亩放1.5万头，但放2万头效果更好。

（4）防治田间幼虫

可用自制颗粒剂投撒玉米心叶内防治玉米螟幼虫。

在玉米喇叭口期，每亩用BT乳剂150~200mL（每克含100亿孢子），拌煤渣或细砂3~6kg制成颗粒剂，每株撒施颗粒剂1~2g，将其直接撒施在玉米喇叭口内。在实际生产中，如果错过喇叭口期用药，这时虫子已经钻进雄穗，使用颗粒剂已无明显的作用，可以采用BT粉剂8000倍液+40%辛硫磷1500~2000倍液混合喷雾，也可达到防治的目的。

玉米心叶中期，用白僵菌粉0.5kg拌过筛的细砂5kg制成颗粒剂，投撒玉米心叶内（白僵菌粉寄生在为害心叶的玉米螟幼虫体内），来防治田间幼虫。

在心叶末期，用50%辛硫磷乳油1kg，拌50~75kg过筛的细砂制成颗粒剂，投撒玉米心叶内防治幼虫；用1.5~2kg辛硫磷亦可。

用自制杀灭菊酯颗粒剂投放在玉米心叶内，每株1~2g。

在玉米心叶期，用超低量电动喷雾器，把药液喷施在玉米植株上部叶片，防治为害心叶的玉米螟幼虫。可用药剂为40%氧化乐果+2.5%溴氰菊酯。

（三）玉米田棉铃虫

棉铃虫属鳞翅目，夜蛾科。别名棉桃虫、钻心虫、青虫、棉铃实夜蛾等。寄主玉米、棉花、花生、芝麻、烟、苹果、梨、柑橘、桃、葡萄、无花果等。

1. 危害性

玉米雌穗常受棉铃虫幼虫为害，造成受害果穗受损，减产严重。

2. 生活习性

内蒙古、新疆年生3代，华北4代，长江流域以南5~7代，以蛹在土中越冬，翌春气温达15℃以上时开始羽化。华北4月中下旬开始羽化，5月上中旬进入羽化盛期。1代卵见于4月下旬至5月底，1代成虫见于6月初至7月初，6月中旬为盛期，7月为2代幼虫为害盛期，7月下旬进入2代成虫羽化和产卵盛期，4代卵见于8月下旬至9月上旬，所孵幼虫于10月上中旬老熟入土化蛹越冬。第1代主要于麦类、豌豆、苜蓿等早春作物上为害，第2代、3代为害棉花，第4代为害玉米和各类蔬菜，从第1代开始为害果树，后期较重。成虫昼伏夜出，对黑光灯趋性强，萎蔫的杨柳枝对成虫有诱集作用，卵散产在嫩叶或果实上，一只雌蛾每次可产卵100~200粒，多的可达千余粒。产卵期历时7~13天，卵期3~4天，孵化后先食卵壳，脱皮后先吃皮，低龄虫食嫩叶，2龄后蛀果，蛀孔较大，外具虫粪，有转移习性，幼虫期15~22天，共6龄。老熟后入土，于3~9cm处化蛹。蛹期8~10天。该虫喜温喜湿，成虫产卵适温23℃以上，20℃以下很少产卵，幼虫发育以25%~28%和相对湿度75%~90%最为适宜。北方湿度对其影响更为明显，月降雨量高于100mm，相对湿度70%以上为害严重。

3. 防治方法

（1）人工剪花丝

当玉米雌穗花丝已授粉变红开始萎蔫，棉铃虫幼虫3龄前尚未蛀入果穗内部时，逐株逐穗剪去玉米雌穗苞叶空尖部分并带出田外集中处理。

（2）释放赤眼蜂减少田间幼虫量

第1次放蜂时间要掌握在成虫始盛期开始1~2天，每1代先后共放3~5次，蜂卵比要掌握在25∶1，放蜂适宜温度为25℃，空气相对湿度为60%~90%。如果温度、湿度过高或过低，要适当加大放蜂量。

（3）安装性诱剂诱杀雄成虫

性诱剂是采用生物调控的方法治虫。性诱剂本身能诱集雄成虫，减少田间雄虫数量，使大部分雌虫不能交尾，受精卵数量减少，降低了卵的孵化率，可使田间幼虫量减少 60%~80%。

（4）药剂防治

当百穗虫量达 50 头、幼虫 3 龄前尚未蛀入内部时，可用 1.8%阿维菌素乳油 1000 倍液，或 50%辛硫磷乳油 1000 倍液滴穗或喷雾防治。

第五节　其他作物病虫害的防治

一、谷子主要病虫害防治

（一）谷子主要病害防治

1. 谷子白发病

（1）为害特征

幼苗被害后叶表变黄，叶背有灰白色霉状物，称为灰背。旗叶期被害株顶端三四片叶变黄，并有灰白色毒状物，称为白尖。此后叶组织坏死，只剩下叶脉，呈头发状，故叫白发病。

病株穗呈畸形，粒变成针状，称刺猬头。

（2）谷子白发病防治方法

①轮作。

实行 3 年以上轮作倒茬。

②拔除病株。

在黄褐色粉末从病叶和病穗上散出前拔除病株。

③药剂拌种。

50%萎锈灵粉剂，每 50kg 谷种用药 350g，也可用 50%多菌灵可湿性粉剂、每 50kg 谷种用药 150g。

2. 谷子锈病

（1）为害特征

谷子抽穗后的灌浆期，在叶片两面，特别是背面生红褐色的圆形或椭圆形的斑点，可散出黄褐色粉状孢子，像铁锈一样，是锈病的典型症状，发生严重时可使叶片枯死。

（2）防治方法

当病叶率达 1%~5% 时，可用 15% 的粉锈宁可湿性粉剂 600 倍液进行第一次喷药，隔 7~10 天后酌情进行第二次喷药。

3. 谷瘟病

（1）为害特征

叶片典型病斑为梭形，中央灰白或灰褐色，叶缘深褐色，潮湿时叶背面发生灰霉状物，穗茎为害严重时变成死穗。

（2）防治方法

叶面喷药防治。发病初期田间喷 65% 代森锌 500~600 倍液，或用甲基托布津 200~300 倍液喷施叶面防治。

（二）谷子主要虫害防治

1. 粟灰螟

（1）为害特征

粟灰螟属鳞翅目螟蛾科，又名谷子钻心虫，是谷子上的主要害虫，以幼虫钻蛀谷子茎基部，苗期造成枯心苗，拔节期钻蛀茎基部造成倒折，穗期受害遇风易折倒造成瘪粒。

发生规律：粟灰螟一年发生三代，越冬幼虫于 4 月下旬至 5 月初化蛹，5 月下旬成虫盛期，5 月下旬至 6 月初进入产卵盛期，5 月下旬至 6 月中旬为一代幼虫为害盛期，7 月中下旬为二代幼虫为害期。三代产卵盛期为 7 月下旬，幼虫为害期 8 月中旬至 9 月上旬，以老熟幼虫越冬。

（2）粟灰螟的防治方法

当每 1000 株谷苗有卵 2 块，用 80% 敌敌畏乳油 100mL，加少量水后与 20kg 细土拌匀，撒在谷苗根际，形成药带，也可使用 5% 甲维盐水分散粒剂 2500 倍液、2.5% 天王星乳油 2000~3000 倍液、4.5% 高效氯油菊酯乳油 1500 倍液、1.8% 阿维菌素 1500 倍液或 1% 甲胺基阿维菌素 2000 倍液等药剂防治，重点对谷子茎基部喷雾。

2. 黏虫

（1）为害特征

咬食作物的茎叶及穗，把叶吃成缺刻或只留下叶脉，或是把嫩茎或籽粒咬断吃掉。

（2）防治方法

DDV 熏蒸法，每亩用 80%DDV，0.25~0.5kg 兑水 0.5~1kg 拌谷糠、锯末等 2.5~3kg，于晴天无风的傍晚均匀撒于谷田即可。喷雾法选用 2.5% 高效氯氟氰菊酯水乳剂、氯氰菊酯兑水喷雾，90% 的万灵等农药进行防治，但施药期要提前 2~3 天。

二、花生主要病虫害防治

（一）花生蚜虫

花生蚜虫，俗称"蜜虫"，也叫"腻虫"，是我国花生产区的一种常发性害虫。一般减产 20%~30%，发生严重的减产 50%~60%，甚至绝产。

1. 症状特征

在花生尚未出土时，蚜虫就能钻入幼嫩枝芽上为害，花生出土后，多聚集在顶端幼嫩心叶背面吸食汁液，受害叶片严重卷曲。始花后，蚜虫多聚集在花萼管和果针上为害，使花生植株矮小，叶片卷缩，影响开花下针和正常结实。严重时，蚜虫排出大量蜜露，引起霉菌寄生，使茎叶变黑，能致全株枯死。

2. 防治措施

（1）农业防治

及早清除田间周围杂草，减少蚜虫来源。

（2）药剂防治

①种子处理。

每 100kg 种子用 70% 噻虫嗪种子处理可分散粉剂 200g 进行种子包衣，兼治地下害虫和蓟马。

②大田喷雾。

每亩用 2.5% 溴氰菊酯乳油 20~25mL，兑水均匀喷雾，兼治棉铃虫。

（3）物理防治

用黄板 20~25 块/亩，于植株上方 20cm 处悬挂于花生田间，可有效粘杀花生蚜虫。

（4）生物防治

保护利用瓢虫类、草蛉类、食蚜蝇类等天敌生物，当百墩蚜量 4 头左右，瓢虫与蚜虫比为 1：（100~120）时，可利用瓢虫控制花生蚜的为害。

（二）花生叶斑病

花生叶斑病是花生生长中后期的重要病害，其发生地遍及我国主要花生产区。轮作地发病轻，连作地发病重。年限越长，发病越重，往往在收获季节前，叶片就提前脱落，这种早衰现象常被误认为是花生成熟的象征。花生受害后一般减产 10%~20%，发病重的地块减产达 40% 以上。

1. 症状特征

花生叶斑病包括褐斑病和黑斑病，两种病害均以危害叶片为主，在田间常混合发生于同一植株甚至同一叶片上，症状相似，主要造成叶片枯死、脱落。花生发病时先从下部叶片开始出现症状，后逐步向上部叶片蔓延，发病早期均产生褐色的小点，逐渐发展为圆形或不规则形病斑。褐斑病病斑较大，病斑周围有黄色的晕圈，而黑斑病病斑较小，颜色较褐斑病浅，边缘整齐，没有明显的晕圈。天气潮湿或长期阴雨，病斑可相互联合成不规则形大斑，叶片焦枯，严重影响光合作用。如果发生在叶柄、茎秆或果针上，轻则产生椭圆形黑褐色或褐色病斑，重则整个茎秆或果针变黑枯死。

2. 防治措施

（1）农业防治

①选用抗病品种。②轮作换茬。花生叶斑病的寄主单一，只侵染花生，尚未发现其他寄主，与禾谷类、薯类作物轮作，可以有效控制其危害，轮作周期以两年以上为宜。③清除病残体。花生收获后，要及时清除田间病残体，并深耕 30cm 以上，将表土病菌翻入土壤底层，使病菌失去侵染能力，以减少病害初侵染来源。④合理施肥。结合整地，施足底肥，并做到有机肥、无机肥搭配，氮、磷、钾三要素配合，一般每亩施有机肥 4000~5000kg，尿素 15~20kg，过磷酸钙 40~50kg，硫酸钾 10~15kg。同时在开花下针期还要进行叶面喷肥，每亩用尿素 250g，磷酸二氢钾 150g，兑水均匀喷施。

（2）药剂防治

在发病初期，当病叶率达 10%~15%时开始施药，每亩可用 60%唑醚·代森联水分散粒剂 60~100g，或用 80%代森锰锌可湿性粉剂 60~75g，或用 50%多菌灵可湿性粉剂 70~80g，或用 75%百菌清可湿性粉剂 100~150g，每隔 7~10 天喷药 1 次，连喷 2~3 次。

三、大豆主要病虫害防治方法

（一）大豆菌核病

大豆原产中国，中国各地均有栽培，亦广泛栽培于世界各地。大豆是中国的重要粮食作物之一，已有 5000 年栽培历史，古称菽，是一种种子中含有丰富植物蛋白质的作物。大豆常用来做各种豆制品、榨取豆油、酿造酱油和提取蛋白质。豆渣或磨成粗粉的大豆也常用于畜禽饲料。

1. 病症

苗期半病茎基部褐变，呈水渍状，湿度大时长出棉絮状白色菌丝，后病部干缩呈黄褐色枯死，幼苗倒伏、死亡。成株期主要侵染大豆茎部，田间植株上部叶片变褐枯死。豆荚染病呈现水浸状不规则形病斑，荚内外均可形成较茎内菌核稍小的菌核，可使荚内种子腐烂、干瘪、无光泽，严重时导致荚内不能结粒。

2. 防治方法

防治方法如下：

①选用耐病品种，排除种子中混杂的病菌核。

②合理轮作倒茬。大豆与禾本科作物轮作倒茬，可显著减少田间菌核的积累，避免重茬、迎茬。

③加强田间管理。收获后应及时深翻，及时清除和烧毁残茎以减少菌源。大豆封垄前注意及时中耕培土。注意平整土地，防止积水和水流传播。

④化学防治。菌核病病菌子囊盘发生期与大豆开花期是菌核病的防治最佳时期。喷施 50%速克或 40%用核净可湿性粉剂 1000 倍液；50%扑海因可湿性粉剂 1200 倍液；可喷施 50%多菌灵可湿性粉剂 500 倍液等。

（二）大豆卷叶螟

1. 危害与发生规律

大豆卷叶螟以幼虫为害大豆叶片，常吐丝将2片叶粘在一起，躲在其中咬食叶肉，造成膜状叶、残缺不全叶，有些叶片上还可见明显的丝网。

豆卷叶螟在长江以南地区发生较重，在浙江年发生2~3代，南方地区年发生4~5代，浙江常年约在5月上中旬羽化，8—10月为发生盛期，11月前后以老熟幼虫在残株落叶内化蛹越冬。

2. 防治方法

当发现田间有1%~2%的植株有膜状叶或卷叶时，就应立即用药防治。可选用1%阿维菌素乳油1000倍液、2.5%溴氰菊酯乳油2000倍液、50%杀螟松乳油800~1000倍液或90%晶体敌百虫1500倍液喷雾，隔7~10天喷1次，连喷2次。

（三）大豆食心虫

1. 危害与发生规律

大豆食心虫以幼虫为害豆粒，多从豆荚边缘合缝处蛀入豆荚内，将豆粒咬成沟道或残破状，严重影响大豆产量和品质。大豆食心虫1年仅发生1代，大豆食心虫喜中温高湿、高温干燥和低温多雨，均不利于成虫产卵，冬季低温会造成大量死亡。

2. 防治方法

防治大豆食心虫应掌握在成虫产卵盛期进行。可选用80%敌敌畏乳油800倍液、2.5%溴氰菊酯乳油2000倍液，或4.5%高效氯氰菊酯乳油150~200倍液喷雾，连喷1~2次就可收到良好的防治效果。

四、棉花主要病虫害防治

（一）棉花主要病害防治

1.棉花炭疽病

（1）症状特征

幼苗根茎部和茎基部产生褐色条纹，严重时纵裂、下陷，导致维管束不能正常吸水，幼苗枯死。子叶受害，多在叶的边缘产生半圆形或近半圆形褐色斑纹，田间空气湿度大时，可扩展到整个子叶。茎部被害多从叶痕处发病，形成黑色圆形或长条形凹陷病斑，病斑上有橘红色黏状物。

（2）防治措施

①农业防治。

一是适时播种。早播则气温、土温偏低，延缓种苗出土时间，利于病菌侵入为害。晚播则不利于种苗生长，影响棉花产量。

二是加强田间管理。出苗后及时耕田松土，及时清除田间病残体。雨后注意中耕，防止土壤板结。

三是合理轮作。尽可能与其他作物实行3年以上轮作倒茬。

②药剂防治。

种子处理：每100kg种子用2.5%咯菌腈悬浮种衣剂2.5mL包衣，或用1%武夷菌素水剂，或用2%宁南霉素水剂200倍液浸种24小时。

田间死苗率超过2%时，可用65%代森锰锌可湿性粉剂或70%甲基硫菌灵可湿性粉剂800~1000倍液喷雾防治。

2. 棉花黄萎病

（1）症状特征

整个生育期均可发病。自然条件下幼苗发病少或很少出现症状。一般在3~5片真叶期开始显症，生长中后期棉花现蕾后田间大量发病，初在植株下部叶片上的叶缘和叶脉间出现浅黄色斑块，后逐渐扩展，叶色失绿变浅，主脉及其四周仍保持绿色，病叶出现掌状斑驳，叶肉变厚，叶缘向下卷曲，叶片由下而上逐渐脱落，仅剩顶部少数小叶。蕾铃稀少，棉铃提前开裂，后期病株基部生出细小新枝。纵剖病茎，木质部上产生浅褐色变色条纹。夏季暴雨后出现急性型萎蔫症状，棉株突然萎垂，叶片大量脱落，严重影响棉花产量。

（2）防治措施

①农业防治。

选抗病品种。轮作倒茬（同枯萎病）。加强棉田管理，清洁棉田，减少土壤菌源，及时清沟排水，降低棉田湿度，使其不利于病菌滋生和侵染。平衡施肥，氮、磷、钾合理配比使用，切忌过量使用氮肥，重施有机肥，侧重施氮、钾肥。

②药剂防治。

大田喷雾：用0.5%氨基寡糖素水剂400倍液，或用80%乙蒜素乳油1000~

1500 倍液均匀喷雾。

3. 棉花茎枯病

（1）症状特征

棉花从苗期到结铃期均能受害，前期为害子叶、真叶、茎和生长点，造成烂种、叶斑、茎枯、断头落叶以至全株枯死，后期侵染苞叶和青铃，引起落叶和僵瓣。子叶和真叶发病初为黄褐色小圆斑，边缘紫红色，后扩大成近圆形或不规则形的褐色斑，表面散生许多小黑点（病原菌）。茎部及叶柄受害，初为红褐色小点，后扩展成暗褐色梭形溃疡斑，中央凹陷，周围紫红。病情严重时，病部破碎脱落，茎枝枯死。

（2）防治措施

①合理轮作，合理密植，改善通风透光条件。

②拌种，棉籽硫酸脱绒后，拌上呋喃丹与多菌灵配比为 1：0.5 的种衣剂，既防病又可兼治蚜虫。

③喷雾，苗期或成株期发病，可用 65%代森锌 800 倍液，或用 70%甲基托布津 1000 倍液喷雾防治。

（二）棉花虫害防治

1. 棉蚜

俗称腻虫，为世界性棉花害虫。中国各棉区均有发生，是棉花苗期的重要害虫之一。

（1）为害特征

棉蚜以刺吸式口器插入棉叶背面或嫩头部分组织吸食汁液，受害叶片向背面卷缩，叶表有蚜虫排泄的蜜露，并往往滋生霉菌。棉花受害后植株矮小、叶片变小、叶数减少、现蕾推迟、蕾铃数减少、吐絮延迟。严重的可使蕾铃脱落，造成落叶减产。

（2）防治措施

①农业防治。

铲除杂草，加强水肥管理，促进棉苗早发，提高棉花对蚜虫的耐受能力。

采用麦—棉、油菜—棉、蚕豆—棉等间作套种。

结合间苗、定苗、整枝打杈，拔除有蚜株，并带出田外集中销毁。

②药剂防治。

一是种子处理。每 100kg 种子用 600g/L 吡虫啉悬浮种衣剂 600~800mL，或用 70%噻虫嗪种子处理可分散粉剂 300~600g，兑水 1000mL 混成药液，将药液倒在种子上，边倒边搅拌直至药液均匀附着到种子表面。兼治地下害虫。

二是大田喷雾。每亩用 10%吡虫啉可湿性粉剂 20~40g，或用 1%甲氨基阿维菌素苯甲酸盐乳油 40~60mL，或用 3%啶虫脒乳油 15~20mL，或用 2.5%高效氯氟氰菊酯乳油 10~20mL，兑水均匀喷雾。

③物理防治。

采用黄板诱杀技术。

④生物防治。

保护利用天敌。棉田中棉蚜的天敌主要有瓢虫、草蛉、蜘蛛等。

2. 棉铃虫

棉铃虫是棉花蕾铃期为害的主要害虫。我国黄河流域棉区、长江流域棉区受害较重。

（1）为害特征

棉铃虫主要以幼虫蛀食棉蕾、花和棉铃，也取食嫩叶。为害棉蕾后苞叶张开变黄，蕾的下部有蛀孔，直径约 5mm，不圆整，蕾内无粪便，蕾外有粒状粪便，蕾苞叶张开变成黄褐色 2~3 天后即脱落。青铃受害时，铃的基部有蛀孔，孔径粗大，近圆形，粪便堆积在蛀孔之外，赤褐色，铃内被食去一室或多室的棉籽和纤维，未吃的纤维和种子呈水渍状，成为烂铃。

1 只幼虫常为害 10 多个蕾铃，严重时蕾铃脱落一半以上。

（2）防治措施

①农业防治。

秋耕冬灌，压低越冬虫口基数。加强田间管理。适当控制棉田后期灌水，控制氮肥用量，防止棉花徒长。

②药剂防治。

每亩用 1%甲氨基阿维菌素苯甲酸盐乳油 40~60mL，或用 2.5%高效氯氟氰菊酯乳油 20~60mL，或用 15%前虫威悬浮剂 18mL，或用 5%氟铃脲乳油 100~160mL，或用 40%辛硫磷乳油 50~100mL，兑水均匀喷雾。

③物理防治。

利用棉铃虫成虫对杨树叶挥发物具有趋性和白天在杨枝把内隐藏的特点，在成虫羽化、产卵时，在棉田里摆放杨枝把，每亩放 6~8 把，日出前收集处理诱到的成虫。在棉铃虫重发区和羽化高峰期，利用高压汞灯及频振式杀虫灯诱杀棉铃虫成虫。

④生物防治

每亩用苏云金杆菌可湿性粉剂 200~300g，或用棉铃虫核型多角体病毒可湿性粉剂 100~150g，兑水均匀喷雾。每亩释放赤眼蜂 1.5 万~2 万头，或释放草蛉5000~6000 头。

3. 棉盲蝽虫害

（1）为害特征

以成虫、若虫刺吸为害，使子叶期棉苗顶芽焦枯变黑，长不出主干；真叶出现后，顶芽被害枯死，不定芽丛生变成多头棉，或被害顶芽展开成为破叶丛，叫破头疯；幼叶被害，叶展开成破叶，叫破叶疯；幼蕾被害，由黄变黑，2~3 天后脱落；中型蕾被害，苞叶张开成为张口蕾，不久脱落；幼铃被害，轻的被害处呈水渍状斑点，重的僵化脱落；顶心和旁心被害，枝叶丛生疯长，称为扫帚苗。

（2）防治措施

①农业防治。

平整土地，适时播种，合理密植。

②化学防治。

着重用于一、二代虫源田，对于正在开花的苕子、苜蓿留种田、胡萝卜留种田，以及棉田周围杂草要进行防治，防治面积小，收效大。可用吡虫啉、噻虫嗪等药剂混菊酯类喷雾防治。

第六章　植保的相关机械

第一节　植保机械喷雾（器）机

一、喷雾的特点及喷雾机的类型

喷雾是化学防治方法中的一个重要方面，它受气候的影响较小，药剂沉积量高，药液能较好地覆盖在植株上，药效较持久，具有较好的防治效果和经济效果。喷粉比常量喷雾法功效高，作业不受水源限制，对作物较安全，然而由于喷粉比喷雾飘移危害大得多，污染环境严重，同时附着性能差，所以国内外已趋向于用以喷雾法为主的施药方法。

根据施药液量的多少，可将喷雾机械分为高容量喷雾机、中容量喷雾机、低容量喷雾机及超低容量喷雾机等多种类型。

高容量喷雾又称常容量喷雾，是常用的一种低农药浓度的施药方法。喷雾量大，能充分地湿润叶子，经常是以湿透叶面为限并逸出，流失严重，污染土壤和水源。雾滴直径较粗，受风的影响较小，对操作人员较安全。用水量大，对于山区和缺水地区使用困难。

低容量喷雾，这种方法的特点是所喷洒的农药浓度为常量喷雾的许多倍，雾滴直径也较小，增加了药剂在植株上的附着能力，减少了流失。既具有较好的防治效果，又提高了功效，应大力推广应用，逐步取代高容量喷雾。

中容量喷雾，施液量和雾滴直径都在上面两种方法之间，叶面上雾滴也较密集，但不致产生流失现象，可保证完全覆盖，可与低量喷雾配合作用。

超低容量喷雾是近年来防治病虫害的一种新技术。它是将少量的药液（原液或加少量的水）分散成细小雾滴（50~100μm）并大小均匀，借助风力（自然风或风机风）吹送、飘移、穿透、沉降到植株上，获得最佳覆盖密度，以达到防治目的。由于雾滴细小，飘移是一个严重问题，它的应用仅限于基本上无毒的物质或大面积，这时飘移不会造成危害。超低容量喷雾在应用中应特别小心。

二、对喷雾机的要求

喷雾机应满足以下基本要求：

①应能根据防治要求喷射符合需要的雾滴，有足够的穿透力和射程，并能均匀地覆盖在植株受害部分。

②有足够的搅拌作用，应保证整个喷射时间内保持相同的浓度，不随药液箱充满的情况而变化。

③与药液直接接触的部件应具有良好的耐腐蚀性，有些工作部件（如液泵、阀门、喷头等）还应具有好的耐磨性，以提高机器的使用寿命。

④工作可靠，不易产生堵塞，设置合适的过滤装置（药液箱加液口、吸水管道、压水管道等处）。

⑤机器应具有较好的通过性，能适应多种作业的需要。

⑥机器应具有良好的防护设备及安全装置。

⑦药液箱的容量，应保证喷雾机有足够的行程长度，并能与加药地点合理地配合。

三、担架式机动喷雾机

（一）担架式喷雾机的种类

机具的各个工作部件装在像担架的机架上，作业时由人抬着担架进行转移的机动喷雾机叫作担架式喷雾机。

担架式喷雾机由于配用的泵的种类不同可粗分为两大类：担架式离心泵喷雾机——配用离心泵；担架式往复泵喷雾机——配用往复泵。

担架式往复泵喷雾机还因配用的往复泵的种类不同而细分为三类：担架式活塞泵喷雾机——往复式活塞泵；担架式柱塞泵喷雾机——往复式柱塞泵；担架式隔膜泵喷雾机——往复式活塞隔膜泵。

担架式离心泵喷雾机与担架式往复泵喷雾机的共同点是：机具的结构都是由机架、动力机（汽油机、柴油机或电动机）、液泵、吸水部件和喷洒部件五大部分组成，有的还配用了自动混药器。其不同点首先是泵的类型不同，其次其他部件虽然功能相同，但其具体结构与性能有的还有些不同。

担架式往复泵喷雾机自身还有几个特点：

①虽然泵的类型不同，但其工作压力（≤2.5MPa）相同，最大工作压力（3MPa）亦相同。

②虽然泵的类型不同，泵的流量大小不同，但其多数还在一定范围（30～40L/min）内，尤其是推广使用量最大的 3 种机型的流量也都相同，都是40L/min。

③泵的转速较接近，在 600～900r/min 范围内，而且以 700～800r/min 的居多。

④几种主要的担架式喷雾机由于泵的工作压力和流量相同，因而虽然泵的类型不同，但与泵配套的有些部件如吸水、混药、喷洒等部件相同，或结构原理相同，因此有的还可以通用。

⑤担架式喷雾机的动力都可以配汽油机、柴油机或电动机，可根据用户的需求而定。

（二）担架式喷雾机的组成

1. 药液泵

目前担架式喷雾机配置的药液泵主要为往复式容积泵。往复式容积泵的特点是压力可以按照需要在一定范围内调节变化，而液泵排出的液量（包括经喷射部件喷出的液量和经调压阀回水液量）基本保持不变。往复式容积泵的工作原理是靠曲柄连杆（包括偏心轮）机构带动活塞（或柱塞）运动，改变泵腔容积，压送泵腔内液体使液体压力升高，顶开阀门排送液体。就单个泵缸而言，曲轴一转中，半转为吸水过程，另外半转为排水过程，同时由于活塞运动的线速度不是匀速的，而是随曲轴转角正弦周期变化，所以排出的流量是断续的，压力是波动的；而对多缸泵来说，在曲轴转一转中几个缸连续工作，排出的波动的流量和压力可以相互叠加，使合成后的流量、压力的波动幅值减小。

担架式喷雾机配套的三种典型往复式容积泵，即三缸柱塞泵、三缸活塞泵、二缸活塞隔膜泵，相互比较，各有优缺点。

①三缸活塞泵的优点是：活塞为橡胶碗，为易损件，与柱塞泵比较不锈钢用量少、泵缸（唧筒）简单，可用不锈钢管加工，加工较简单。活塞泵的缺点：活塞与泵缸接触密封而且相对运动，药液中的杂质沉淀，在活塞碗与泵缸间成为磨料，加速了泵缸与活塞的磨损。

②三缸柱塞泵的优点是：柱塞与泵室不接触，柱塞利用 V 形密封圈密封，即使有杂质沉淀，柱塞也不易磨损，使用寿命长；当密封间隙磨损后，可以利用旋转压环压紧 V 形密封圈调节补偿密封间隙，这是活塞泵做不到的；柱塞泵工作压力高。柱塞泵的缺点：用铜、不锈钢材料较多，比活塞泵重量重。

③二缸活塞隔膜泵的优点是：泵的排量大；泵体、泵盖等都用铝材表面加涂敷材料，用铜、不锈钢材少；制造精度要求低，制造成本低。隔膜泵的缺点是：隔膜弹性变形，使流量不均匀度增加；双缸隔膜泵流量、压力波动大，振动较大。

2. 吸水滤网

吸水滤网是担架式喷雾机的重要工作部件，但往往被人们忽视。当用于水稻田采用自动吸水、自动混药时，就显示出它的重要性。主要由插杆、外滤网、上下滤网、滤网管、胶管及胶管接头螺母等部件组成。使用时，插杆插入土中，当田内水深 7~10cm 时，水可透过滤网进入吸水管，而浮萍、杂草等由于外滤网的作用进不了吸水管路，保证了泵的正常工作。

3. 喷洒部件

喷洒部件是担架式喷雾机的重要工作部件，喷洒部件配置和选择是否合理不仅影响喷雾机性能的发挥，而且影响防治功效、防治成本和防治效果。目前国产担架式喷雾机喷洒部件配套品种较少，主要有两类：一类是喷杆；另一类是喷枪。

（1）喷杆

担架式喷雾机配套的喷杆，与手动喷雾器的喷杆相似，有些零件就是借用手动喷雾器的。喷杆是由喷头、套管滤网、开关、喷杆组合及喷雾胶管等组成。喷雾胶管一般为内径 8mm、长度 30m 的高压胶管两根。喷头为双喷头和四喷头。该喷头与手动喷雾器不同处是涡流室内有一旋水套。喷头片孔径有 1.3mm 和 1.6mm 两种规格。

（2）远程喷枪（枪-22 型）

枪-22 型为远程喷枪，主要适用于水稻田从田内直接吸水，并配合自动混药器进行远程（人站在田埂上）喷洒。远程喷枪是由喷头帽、喷嘴、扩散片、并紧帽和枪管焊合等组成。使用枪-22 型喷枪时配套喷雾胶管为内径 13mm、长度 20m 的高压胶管。

（3）自动混药器

目前担架式喷雾机使用的自动混药器是与枪-22 型远程喷枪配套使用的。自动混药器是由吸药滤网、吸引管、T形接头、管封、衬套、射流体、射嘴和玻璃球等组成。使用时将混药器安装在出水开关前，然后再依次装上喷雾胶管和远程喷枪。使用混药器后农药不进入泵的内部，能减少泵的腐蚀与磨损。

（4）可调喷枪

可调喷枪又称果园喷枪，是由喷嘴或喷头片、喷嘴帽、枪管、调节杆、螺旋芯、关闭塞等组成。主要用于果园，因为射程、喷雾角、喷幅等都可调节，所以可喷洒高大果树。当螺旋芯向后调节时，涡流室加深，喷雾角度小，雾滴变粗，射程增加，可用来喷洒树的顶部；当螺旋芯调向前时，涡流室变浅，喷雾角增大，雾滴变细，射程变短，可用来喷洒树的低处。

4. 配套动力和机架

（1）配套动力

担架式喷雾机的配套动力主要为四冲程小型汽油机和柴油机。功率范围在2.2~3kW，由于药液泵转速一般在600~900r/min，所以配套动力机最好为减速型，输出转速1500r/min为好。担架式喷雾机配套动力产品型号主要有四冲程165F汽油机、165F和170F柴油机。一般泵流量在36L/min以下的可配165F汽油机或柴油机，40L/min泵配170F柴油机。用三角皮带一级减速传动即可满足配套要求。此外，为满足有电源地区需要，还可配电动机。

（2）机架

担架式喷雾机的机架通常用钢管或角钢焊接而成。一般为双井字轿式抬架，为了担架起落方便和机组的稳定，支架下部有支承脚，四个把手有的为固定式，有的为可拆式或折叠式。动力机和泵的底脚孔，通常做成长孔，便于调节中心距和皮带的张紧度。为了操作安全，三角皮带传动处，必须安装防护罩，以保护人身安全和防止杂草缠入。

担架式喷雾机是果园用植保机械的重要机具之一。为了提高工效，许多地方将担架式喷雾机的药液泵和药液箱固定在手扶拖拉机上，此操作收到较好效果。因此，各生产厂家还可以不带机架和动力，以单泵加喷洒装置等多种形式供货，用户可根据需要选购单机、单件。

（三）维护保养注意事项

第一，每天作业完后，应在使用压力下，用清水继续喷洒2~5min，清洗泵内和管路内的残留药液，防止药液残留内部腐蚀机件。

第二，卸下吸水滤网和喷雾胶管，打开出水开关；将调压阀减压手柄往逆时针方向扳回，旋松调压手轮，使调压弹簧处于自由松弛状态。再用手旋转发动机或液泵，排出泵内存水，并擦洗机组外表污物。

第三，按使用说明书要求，定期更换曲轴箱内机油。遇有因膜片隔膜泵或油封等损坏曲轴箱进入水或药液，应及时更换零件修复好机具并提前更换机油。清洗时应用柴油将曲轴箱清洗干净后，再换入新的机油。

第四，当防治季节工作完毕，机具长期贮存时，应严格排出泵内的积水，防止天寒时冻坏机件。应卸下三角皮带、喷枪、喷雾胶管、喷杆、混药器、吸水滤网等，清洗干净并晾干。能悬挂的最好悬挂起来存放。

第五，对于活塞隔膜泵，长期存放时，应将泵腔内机油放净，加入柴油清洗干净，然后取下泵的隔膜和空气室隔膜，清洗干净放置阴凉通风处，防止过早腐蚀、老化。

四、静电喷雾机

静电喷雾技术是应用高压静电使雾滴充电。静电喷雾装置的工作原理是通过充电装置使雾滴带上一极性的电荷，同时，根据静电感应原理可知，地面上的目标物将引发出和喷嘴极性相反的电荷，并在两者间形成静电场。带电雾滴受喷嘴同性电荷的排斥，而受目标异性电荷的吸引，使雾滴飞向目标各个方向，不仅正面，而且能吸附到它的反面。

静电喷雾的技术要点首先需要使雾滴带电，同时与目标（农作物）之间产生静电场。

静电喷雾装置使雾滴带电的方式主要有三种：电晕充电、接触充电和感应充电。

我国静电喷雾技术在农业植保上的应用研究始于 20 世纪 70 年代后期，且多数是以转盘式手持微量喷雾机为基础进行研制的。

转盘式手持微量静电喷雾器为接触充电方式。其工作原理：一般用干电池或蓄电池做电源，电源电压为 6V，经过振荡变压，再经倍压整流得到 1 万~2 万 V 的直流高压，直接加在药液出口液管上，滴管是不锈钢制成，当药液经滴管时带上电荷，经转盘的高速旋转产生离心力，将药液甩出而雾化成细小带电雾滴。此时转盘与作物之间同时形成一个电场，带电雾滴在电场力作用下到达农作物表面。

五、航空植保

航空植保机械的发展已有几十年的历史，尤其在近十几年发展很快，除用于病虫防治外，还可进行播种、施肥、除草、人工降雨、森林防护及繁殖生物等许多方面。

农业上使用的飞机主要采用单发动机的双翼、单翼及直升机、遥控无人机，适用于大面积平原、林区及山区，可进行喷雾、喷粉和超低量喷雾作业。飞机作业的优点是防治效果好、速度快、功效高、成本低。

（一）植保无人机

一种遥控式农业喷药小飞机，机体小而功能强大，可负载 8~10kg 农药，在低空喷洒农药，每分钟可完成一亩地的作业，其喷洒效率是传统人工的 30 倍。该飞机采用智能操控，操作手通过地面遥控器及 GPS 定位对其实施控制，其旋翼产生的向下气流有助于增加雾流对作物的穿透性，防治效果好，同时远距离操控施药大大提高了农药喷洒的安全性。还能通过搭载视频器件，对农业病虫害等进行实时监控。

1. 植保无人机优势

无人驾驶小型直升机具有作业高度低，飘移少，可空中悬停，无需占用起降机场，旋翼产生的向下气流有助于增加雾流对作物的穿透性，防治效果高，远距离遥控操作，喷洒作业人员避免了暴露于农药中的危险，提高了喷洒作业安全性等诸多优点。另外，电动无人直升机喷洒技术采用喷雾喷洒方式至少可以节约 50% 的农药使用量、90% 的用水量，这将很大程度上降低资源成本。电动无人机与油动的相比，整体尺寸小，重量轻，折旧率更低，单位作业人工成本不高，易保养。

2. 植保无人机机体特点

采用高效无刷电机作为动力，机身振动小，可以搭载精密仪器，喷洒农药等更加精准。

地形要求低，作业不受海拔限制。

起飞调校短、效率高、出勤率高。

环保，无废气，符合国家节能环保和绿色有机农业发展要求。

易保养，使用、维护成本低。

整体尺寸小、重量轻、携带方便。

提供农业无人机电源保障。

喷洒装置有自稳定功能，确保喷洒始终垂直地面。

半自主起降，切换到姿态模式或 CPS 姿态模式下，只须简单地操纵油门杆量即可轻松操作直升机平稳起降。

失控保护，直升机在失去遥控信号的时候能够在原地自动悬停，等待信号的恢复。

机身姿态自动平衡，摇杆对应机身姿态，最大姿态倾斜 45°，适合于灵巧的大机动飞行动作。

GPS 姿态模式（标配版无此功能，可通过升级获得）精确定位和高度锁定，即使在大风天气，悬停的精度也不会受到影响。

新型植保无人机的尾旋翼和主旋翼动力分置，使得主旋翼电机功率不受尾旋翼耗损，进一步提高载荷能力，同时加强了飞机的安全性和操控性。这也是无人直升机发展的一个方向。

高速离心喷头设计，不仅可以控制药液喷洒速度，也可以控制药滴大小，控制范围在 $10 \sim 150 \mu m$。

具有图像实时传输、姿态实时监控功能。

（二）多旋翼植保无人机系统构成

1. 无人机类型

按发动机类型，可分为油动发动机与电动机。目前，市场上的直升机农业植保机电动产品及油动产品都有分布，在中国以电动为主；多旋翼农业植保机以电动为主，但是也出现了一些油动多旋翼无人机产品。

（1）油动直升机植保机

直升机植保机产品在初级阶段一直是以油动发动机为动力，使其具备续航时间长、载重较大的优点（相对电动多旋翼）。但是，其使用发动机多为航模领域发动机，存在着调试困难、寿命较短的特点，其发动机寿命往往只有 300h 左右，大大提高了产品维护及植保机作业的成本。

（2）电动直升机植保机

电动直升机植保机是在油动直升机基础上解决其发动机寿命过短、调试困难等因素而产生的新型直升机，其采用无刷电机与锂电池作为动力，使电机使用寿命及效率大大提高，但是其续航及载重性能也都稍有下降。其依然存在培训周期较长、摔机成本较大、维修周期较长等问题。在我国目前市场当中，直升机植保机市场保有数量远低于多旋翼植保机市场保有数量。

（3）电动多旋翼植保机

主要优点在于操作简单、性能可靠，以市场主流产品为例，处于工作年龄范围内（18~45岁）且身体健康的零基础学员，可以在10天左右基本掌握该产品的使用，并能够进行作业。多旋翼植保机购机成本、摔机成本、维护成本都低于直升机植保机，是近几年多旋翼植保机迅速发展的重要原因。当然，其载重量与续航时间是多旋翼植保机不足的方面，在电池性能没有突破的情况下，多旋翼植保机需要准备多块锂电池以进行循环使用，电池更换较频繁。

2. 多旋翼植保机分类

多旋翼植保机可以按照旋翼数量、气动布局进行分类。

（1）按照旋翼数量进行分类

从旋翼数量可分为四旋翼植保机、六旋翼植保机、八旋翼植保机。

①四旋翼植保机。

四旋翼植保机结构简单、飞行效率高，在目前市场上的多旋翼植保机很多产品都选择四旋翼结构，如极飞科技的P-20系列、零度智控的守护者系列等。但是，四旋翼结构植保机其中任何一个电机发生停转或螺旋桨断裂都将导致植保机坠毁，所以其安全性较低。

②六旋翼植保机。

六旋翼植保机是在四旋翼植保机基础之上增加旋翼数量而形成的设计，其可在其中一臂失去动力依然保持机身平衡与稳定，所以其稳定性高于四旋翼植保机。随着旋翼数量的增加，在同样的机身重量下，单个旋翼所形成的风场面积减小，这将提高多旋翼植保机风场的复杂程度。

③八旋翼植保机。

八旋翼植保机根据设备性能不同，最多可实现同时两臂动力缺失而依然能够稳定悬停（两臂不相邻的前提下），更加提升了多旋翼植保机的稳定性。动力冗余性的设计是在强调设备稳定性的前提下而产生的，将多旋翼植保机安全性又提升到一个新的台阶。当然，其单个旋翼风场面积进一步下降，这也是安全性设计所带来的负面效果。当然，市场上还存在更多乃至十六旋翼数量的植保机类型。

（2）按照气动布局进行分类

多旋翼植保机按照气动布局，可分为 X 形、十字形。

①X 形气动布局多旋翼植保机。

X 形气动布局是在无人机前进方向的等分角度（左前一右前距机头方向均45°，机尾相同）放置相反方向电机以抵消电机转动时产生的反扭力。

②十字形气动布局多旋翼植保机。

十字形气动布局是最早出现的一种多旋翼无人机气动布局之一。因其气动布局简单，只需要改变轴向上电机的转速，即可改变无人机姿态从而实现基础飞行，便于简化飞控算法的开发。但由于其构造，导致无人机航拍时前行会导致正前方螺旋桨进入画面造成不便，随着飞控系统的进化，逐渐被 X 形气动布局取代。

第二节　植保机械手动喷雾

手动喷雾器是用人力来喷洒药液的一种机械，即以手动方式产生的压力迫使药液通过液力喷头喷出，与外界空气相撞击分散成为雾滴的喷雾器械。它是我国农村最常用的施药机具，具有结构简单、使用操作方便、适应性强等特点。可用于水田、旱地及丘陵山区，防治粮、棉、蔬菜和果树等作物的病虫草害；也可用于防治仓储害虫和卫生防疫。

一、背负式喷雾器

背负式喷雾器是由操作者背负，用手揿动摇杆使液泵运动的液力喷雾器。它是我国目前使用最广泛、生产量最大的一种手动喷雾器。

（一）背负式喷雾器的主要结构

背负式喷雾器主要由药液箱（桶）、液泵、空气室和喷洒部件组成。工农-16 型、长江-10 型背负式喷雾器除药液桶的容量和形状不同外，其他结构都相同。

1. 药液箱（桶）

工农-16 型背负式喷雾器的药液箱截面呈腰子形，长江-10 型背负式喷雾器的药液桶呈圆筒形。药液桶加液口处有滤网，可防止加药液时杂物进入药液桶内造成堵塞，滤网用冲孔的黄铜板制成，冲孔直径为 0.8mm。桶壁上标有水位线，加液时液面不得高于水位线。桶盖与桶身应为螺纹连接，保证密封，不漏药液，桶盖上设有通气孔，作业时随着液面下降，桶内压力降低，空气从通气孔进入药液桶内，使药液桶内气压保持正常。

2. 液泵

背负式喷雾器的手动液泵为直立的皮碗式活塞泵（3WBD-16 型背负式电动喷雾器除外，它是手动隔膜泵）。液泵主要由泵筒、塞杆、皮碗、进水阀、出水阀、吸水管和空气室等组成。工农-16 型背负式喷雾器和长江-10 型背负式喷雾器的皮碗直径为 25mm，由牛皮制成；其泵筒、泵盖、空气室、进水阀座等均采用工程塑料制造，耐腐蚀；进、出水阀采用球阀，球阀是直径为 9.5mm 的玻璃球，作用是按要求轮流地将吸水管道与空气室和泵筒接通或关闭，所以要求球阀具有良好的密封性。

3. 空气室

空气室在药液桶外，位于出水阀接头的上方，作用是使药液获得稳定而均匀的压力，减小液泵排液的不均匀性，保证喷雾雾流的稳定。手动喷雾器通常的工作压力在 0.3~0.4 兆帕，空气室多用尼龙材料制成。空气室与室座采用摩擦焊接，压力在 1.2 兆帕时，不能有渗漏现象。

4. 喷洒部件

工农-16 型、长江-10 型背负式喷雾器的喷洒部件主要由套管、喷杆、喷头、开关和喷雾软管组成。套管是操作喷洒部件的手柄，有铁制套管和塑料套管两种。铁制套管强度好，不易损坏，但易锈蚀；塑料套管重量轻，耐腐蚀。为了再次过滤药液，套管中还装有滤网，滤网可用冲孔的黄铜皮制成，也可用塑料制造。喷杆用直径为 9mm、壁厚为 1mm 的电焊钢管制造，并须进行防腐处理，也可用耐腐蚀的黄铜管、铝合金或工程塑料制造，喷杆长度不少于 600mm，以保证喷洒作业时药液不会飞溅到操作者身上，防止人身污染。通常使用的开关有直通开关和玻璃球开关，开关应操作灵活、不渗漏。近年又研制出了撤压式开关，可以按作业要求进行快速接通或截断液流，进行连续喷雾或点喷，密封性较好，不漏液。喷头是喷雾器的主要工作部件，药液雾化主要靠它来完成。随着新型喷雾器的开发研制，市场上出现了一些结构性能较好的新型喷射部件，如铝合金嵌塑喷杆及附装喷杆、接长杆、可调喷头、狭缝式喷头、除草防护罩和撤压式开关等。这些喷射部件可以满足不同的使用要求，完成多种喷洒作业。当操作者上下撬动摇杆时，通过连杆机构的作用，使塞杆在泵筒内做上下往复运动。塞杆的行程为 40~100mm。当塞杆上行时，皮碗活塞由下向上运动，皮碗下方由皮碗和泵筒组成的空腔容积不断增大，形成局部真空。药液桶内的药液在液面和空腔内的压力差作用下，冲开进水球阀，沿着进水管路进入泵筒，完成吸水过程。当塞杆下行时，皮碗由上向下运动，泵筒内的药液被挤压，使药液压力骤然增高，在这个压力作用下，进水球阀将进水孔紧紧关闭，药液只能通过出水阀内的管道，推开出水球阀进入空气室。空气室内的空气被压缩，对药液产生了压力。打开开关后，药液通过喷杆进入喷头，当高压液体经过喷头的斜孔进入喷头内的涡流室时，便产生高速回旋运动。药液由于回旋运动的离心力及喷孔内外压力差的作用，通过喷孔与相对静止的空气介质发生撞击，被碎成细小的雾滴，雾滴直径为 100~300 微米。

（二）背负式喷雾器的使用与维护

背负式喷雾器的使用与维护应严格按照产品使用说明书的要求进行，着重注意以下五点：

1. 使用前的安装

在装配前按产品说明书检查各部分零件是否缺少，各接头处的垫圈是否完好，然后将各零部件进行连接，并拧紧连接螺纹，防止漏水漏气。塞杆的装配：

①新牛皮碗在安装前应浸泡在机油或动物油（忌用植物油）中，浸油时间不少于 24 小时。

②安装塞杆组件时，应在螺纹 M6 端依次装上泵盖毡圈、毡托，再装上 6mm 平垫圈、两套皮碗托和皮碗、6mm 平垫圈和 6mm 弹簧垫圈，最后旋上六角铜螺母并拧紧。零件顺序不能装错，毡圈浸油，螺母拧紧要适当，皮碗应无显著变形。

泵筒组件的装配：在泵筒端依次装上进水阀垫圈、进水阀座及吸水管。泵筒与进水阀座要拧紧。

塞杆组件的装配：塞杆组件装入泵筒后，将泵盖旋上并拧紧。装配时应注意将牛皮碗的一边斜放在泵筒内，然后使之旋转，将塞杆竖直，用另一只手将皮碗边沿压入泵筒内，就可顺利装入，切忌硬行塞入。

喷射部件的装配：把喷头和套管分别连接在喷杆的两端，套管再与直通开关连接，然后把胶管分别连接在直通开关和出水接头上。连接时注意检查各连接处垫圈有无漏装，是否放平拧紧。

总体检验：

第一，揿动摇杆，检查吸气和排气是否正常。如果手感到有压力，而且听到有喷气声音，说明泵筒完好，这时在皮碗上加几滴油即可使用。反之，说明泵筒中的皮碗已变硬收缩，应取出皮碗，放在机油或动物油中浸泡，待胀软后再装上使用。

第二，在药液箱内加入适量清水，揿动摇杆做喷雾试验，检查各运动部件是否灵活，有无卡死、磕碰现象；检查喷雾时雾流是否均匀，有无断续喷雾现象；各零部件及连接处是否渗漏，必要时更换垫圈或拧紧连接件。

2. 使用前的准备

严格按农药使用说明书的规定配制药液：乳剂农药应先放清水，再加入原液至规定浓度，搅拌、过滤后使用；可湿性粉剂农药应先将药粉调成糊状，然后加清水搅拌、过滤后使用。

根据作物品种、生长期和病虫害种类，选择适当孔径的喷片。进行常规喷雾时，使用孔径为 1.3mm 或 1.6mm 的喷片；进行低量喷雾时，使用孔径为 1.0mm 或 0.7mm 的喷片。

还可选用常量或低容量扇形雾喷嘴。选择陶瓷喷片或扇形雾喷嘴时，要用加长螺帽。喷片的孔径大时，喷雾量较大，雾点较粗；反之，则喷雾量小，雾点细。若在喷片下面增加垫圈，则涡流室变深，雾化锥角变小，射程变远，雾点变粗。装喷片时，注意喷片圆锥面向内，否则影响喷洒质量。

作业前，皮碗及摇杆轴转动处应加注适当润滑油。根据操作者身材，把药液桶背带长度调节好，以背着舒适为宜。

3. 使用操作方法

背负作业时，应先揿动摇杆数次，使气室内的气压达到工作压力后，再打开开关，边喷雾边揿动摇杆。如果揿动摇杆感到沉重，就不能过分用力，以免气室爆炸，损伤人和物（一般走 2~3 步，摇杆上下揿动一次即可），当每分钟揿动摇杆 18~25 次，活塞行程大于 60mm 时，能保持一定压力的喷雾状态，此时喷雾压力在 0.3~0.4 兆帕，喷雾量在 0.55~0.73 千克/分。

向药液桶内加注药液时，应将开关关闭，以免药液漏出，并用滤网过滤。药液不要超过桶壁上所示水位线位置，如果加注过多，工作中泵盖处将出现溢漏现象。加注药液后，必须盖紧桶盖，以免作业时药液漏出或晃出。

作业中，桶盖上的通气孔应保持畅通，以免药液桶内形成真空，影响药液的排出。

空气室中的药液超过安全水位线时，应立即停止打气，以免空气室爆炸。

4. 使用注意事项

在喷洒农药时，操作者应做到"三穿"（穿长袖衣并扎紧袖口、穿长裤、穿鞋袜）、"四带"（带口罩、带手套、带肥皂及带工具零备件）、"五打"（顺风打、隔行打、倒退打、早晚打、换班打），以确保人身安全。

操作时，严禁吸烟和饮食，以防中毒。

操作完毕后，凡人身与药液接触的部位应立即用清水冲洗，再用肥皂水洗干净。

身上伤口未愈的、哺乳或怀孕的妇女、少年儿童等比较容易中毒，都不宜进行喷药作业。

禁止用喷雾器喷洒氨水及硫酸铜等腐蚀性液体，以免损坏机具。严禁用手拎喷雾器连杆，以免损坏转动机构。

5. 喷雾器的维护保养

喷雾器每天使用结束后，应倒出桶内的残余药液，并加少许清水喷洒，然后用清水清洗各部分。洗刷干净后放在室内通风干燥处存放。若长期存放，应先用热碱水洗，再用清水洗刷。

喷洒除草剂后，必须将喷雾器（包括药液桶、喷杆、胶管和喷头）彻底清洗干净，以免在下次喷洒其他农药时对作物产生药害。

所有皮质垫圈和皮碗，储存时应浸足机油（最好是动物油，切勿用植物油），以免干缩硬化。擦干桶内积水，铁制的桶身更应如此。长期存放时，应打开桶盖，拆下喷射部件，打开直通开关，流尽积水，倒挂在干燥阴凉处。

凡活动部件及非塑料的接头连接处，应涂黄油防锈，橡胶件切勿涂油。所有塑料件不能用火烤，以免变形、老化或损坏。所有零部件、备用品及工具等应存放在同一地点，妥善保管，以免散失。

二、单管喷雾器

（一）单管喷雾器的常见型号与特点

单管喷雾器是一种本身不带药液箱、具有较高压力喷洒农药的机具，常见型号是 WD-0.55 型，有如下特点：

由使用者根据需要自行配备适当容量的药液桶。把机具的液泵部分固定在药液桶内，可以单人肩挂方式作业，也可以两人肩抬方式作业。

常用工作压力 0.7 兆帕，最高压力可达 1.0 兆帕。因此，既可配置双喷头喷射部件，喷幅大、雾化好，也可配置可调喷枪，射程远、效率高。

结构轻巧，净重只有 2.5 千克。这种喷雾器一般适用于旱地、山区的茶园、果树及粮、棉、蔬菜等矮生农作物的病虫害防治，也可用作仓储害虫的防治。

（二）单管喷雾器的主要结构

WD-0.55 型单管喷雾器主要由吸水座、柱塞泵、空气室和喷射部件组成。

1. 吸水座

位于机具的底部，座内有个进水阀，阀内有直径 9.5mm 的玻璃球，并由弹簧套环压住玻璃球，吸水座下端装有一只可拆卸的滤网片。它用一只可拆卸的滤网片由弹簧套环压住。

2. 柱塞泵

柱塞泵是单管喷雾器的主要工作部件，泵筒管细长，穿过空气室，与空气室焊成一体，泵筒上有压紧螺丝，把盆形密封圈紧压在压紧螺帽内，以保证柱塞和泵筒的密封。

3. 空气室

在泵筒管上方，在空气室内部的泵筒管外壁上有一个出水阀，阀内有直径 9.5mm 的玻璃球，用以开闭阀门。

4. 喷射部件

基本上和 552 丙型压缩式喷雾器类似。

（三）单管喷雾器的使用与维护

1. 单管喷雾器的使用

用于喷射的药液必须事先进行过滤，以免杂质阻塞喷孔，影响防治效率。

使用时，将喷雾器的底部浸入药液中，上下揿动塞杆，即可喷雾。揿动塞杆时用力应均匀适度，不应用力猛压，以避免机件因压力过大而发生脱焊、爆裂等现象。塞杆下压时，不能过分歪斜，防止塞杆因受力不均而弯曲。

使用中，如发现压紧螺丝口有漏液现象，应拧紧压紧螺丝或更换新的密封圈后，再行使用，防止药液接触人体而中毒。

2. 单管喷雾器的维护

所有农药对机具都有腐蚀作用，特别是油类制剂，腐蚀橡胶件最为严重。在工作完毕后，要立即将农药移出药液桶外，继续揿动塞杆，把空气室内的药液排干净后，再用清水揿动清洗。对于乳剂和油类制剂，最好先用热碱水清洗后，再用清水洗净，然后拆下喷管和橡胶管，悬挂在阴凉干燥的地方，同时抽出塞杆，不断地摇动机具，把唧筒和空气室内的积水倒净后存放。

所有皮质垫圈在使用前后要涂上机油或动物油，避免皮圈干缩硬化。

这种喷雾器不可使用硫酸铜及石灰硫黄合剂等强腐蚀性的药剂，以免机具在短期内损坏。非用不可时，在使用后立即用碱水和热清水洗净，但氨水绝对不能使用。

三、踏板式喷雾器

踏板式喷雾器是一种喷射压力高、射程远的手动喷雾器。操作者以脚踏机座，用手推摇杆，前后摆动，带动柱（活）塞泵做往复运动，将药液吸入泵体，并压入空气室，达到一定压力后，即可进行正常喷雾。踏板式喷雾器适用于果树、园林、架棚等植物的病虫害防治，也可用于仓储除虫和建筑喷浆、装饰内壁等。

（一）踏板式喷雾器的常见型号与特点

国内生产踏板式喷雾器的厂较有代表性的要数淄博农业药械厂、晋城植保机械厂、咸阳植保机械厂和衡阳市江南农业药械厂生产的3WT-3（丰收3）型踏板式喷雾器、3WY-28型踏板式喷雾器。踏板式喷雾器按泵的结构不同，可分单缸和双缸两类。

3WT-3型是双缸泵踏板式喷雾器，3WY-28型是单缸泵踏板式喷雾器。

（二）踏板式喷雾器的主要结构

1. 3WT-3型踏板式喷雾器

该种型号喷雾器主要由液泵、空气室、机座、杠杆部件、三通部件、吸液部件和喷洒部件组成。

（1）液泵

为柱塞式，主要由缸体、柱塞、V形密封圈、进水阀及出水阀组成。缸体用铸铁制成，为卧式双唧筒形状，用螺钉固定在机座上。左右两柱塞分别装在缸体内，在柱塞上各装有压盖、垫圈、油环、V形密封圈和支承环，两支承环的底面紧贴在缸体的出口。柱塞支承环在V形密封圈和油环内，借助柱塞端部的螺纹，用螺母与框架固定成为一个整体，当摇杆摇动时，通过杠杆、连杆和框架一起带动柱塞运动。压盖用螺纹与缸体连接，并使支承环形密封圈、油环和垫圈压在一起，使V形密封圈胀开并抱紧柱塞，起到密封作用，旋转压盖就可以调节V形密封圈与柱塞的备封紧度。

为了简化结构，提高零部件的通用性，进水阀和出水阀结构通常完全相同，可以通用互换。它由阀座、阀球、阀罩及垫圈组成。阀球改用玻璃球，阀座与阀罩用工程塑料制造，上下两个垫圈成为一体，套在阀座与阀罩上，起到密封和连接的双重作用。

（2）空气室

用铸铁制成，呈壶状。

（3）机座

由灰口铁铸造。整个喷雾器组均安装在机座上，它能够承受机器各部分产生的压力。

（4）杠杆部件

由踏板、框架、连杆、连杆销、销轴、摇杆和手柄等组成。作用是传递动力，带动框架、连杆，使柱塞在缸体内左右运动，吸入和压出液体。

（5）三通部件

由出水三通、垫圈、斜口、胶管螺帽和胶管夹环等组成，供出液用。

（6）吸液部件

由吸液盖、进液管夹环、吸液头体、吸液头滤网和吸液头卡环等组成。一般吸液胶管内径为13mm，长为1750mm。在吸液头体内装有吸液头滤网，它的作用是在吸液时过滤去杂质。

（7）喷洒部件

与一般手动喷雾器的喷洒部件基本相同，但因工作压力比背负式手动喷雾器高，所以耐压性能高些。喷雾胶管一般为6米长，并配有单喷头和双喷头，也可配可调喷头或小型可调喷枪。

2.3WY-28 型踏板式喷雾器

由液泵、空气室、机座、杠杆部件、三部件、吸液部件和喷洒部件组成。

3WY-28 型单缸泵踏板式喷雾器与 3WT-3 型双缸泵踏板式喷雾器结构上的主要不同在于前者液泵为单缸活塞泵，只有一个活塞，活塞杆、缸体均采用不锈钢或黄铜材料制作，进水端盖和空气室座用铝合金材料制作，结构简单紧凑、重量轻、耐腐蚀；密封件采用聚氨酯耐磨材料，密封可靠性提高。

（三）踏板式喷雾器的使用与维护

1. 使用时注意事项

药液必须先过滤，以免杂质堵塞喷孔而影响喷雾质量。

该喷雾器没有安装压力表和安全装置，使用时凭感觉估计压力大小，以能正常喷雾为宜。

吸水座必须淹入药液内，以免产生气隔。

当中途停止喷药时，必须立即关闭开关，停止推动摇杆。

不允许两人同时推摇杆，以免超载工作，压力急速升高而使胶管破裂和损坏机具。

2. 维护保养

维护与保养的好坏直接影响到机具寿命。

①各注油孔和活动部分应经常加注润滑油，油杯内必须注满黄油，每天将油盖拧紧 1~2 圈。

②每天使用完毕，将吸液头拿出药液容器，继续推动摇杆，排出机内的剩余药液。

③将空气室内的药液排干净，再用清水或碱水清洗干净。

④清洗后拆下喷雾胶管和喷杆，把喷雾胶管悬挂在阴凉干燥的地方。将喷杆的直通开关打开，放尽喷杆内的残液。

⑤在使用硫酸铜及石灰硫黄合剂等高度腐蚀性的药液时，使用完毕必须立即用清水、热碱水或肥皂水洗净后擦干，绝不能使药液留存在机具内。

⑥使用完毕，在保存较长时间前用热水、清水冲洗机具内外。封闭进液接头和出液接头。在活动部分涂润滑脂，并用纸包封，用来防尘和防腐蚀。

⑦每年秋季用完后，应拆洗、清理、检查和更换密封圈、橡胶垫、螺钉和螺母等，然后按⑥的要求封好存放。

第三节 植保机械机动喷雾

一、背负式机动喷雾喷粉机

背负式机动喷雾喷粉机是采用气压输液、气力输液、气流输液原理，由汽油机驱动的植物保护机具。我国生产的背负式机动喷雾喷粉机，是一种带有小型动力机械的轻便、灵活、效率高的植保机械。该机除可以进行喷雾、喷粉作业外，更换某些部件后还可进行超低量喷雾、喷撒颗粒肥料、喷洒植物生长调节剂、喷洒除草剂、喷施烟剂等项作业。喷雾工作时，药液经风扇产生的高速气流的吹送，形成很细的雾滴喷洒到作物上。因为有气流吹送，所以射程远，生产率高，省水，加之形成的雾滴细，黏附能力强，防治效果好。既适于大田农作物和林木、果树的病虫害防治，也适于山区、丘陵及零散地块作业，还可用于城乡卫生防疫、消灭仓库害虫等项工作，应用非常广泛。

（一）背负式机动喷雾喷粉机种类

1. 风机工作转速

风机由汽油机直接传动，汽油机的转速决定风机的转速。我国小型汽油机的转速有 5000 转/分钟、5500 转/分钟、6000 转/分钟、6500 转/分钟、7000 转／分钟等。工作转速低，对发动机零部件精度的要求低，可靠性易保证。但提高工作转速可减小风机结构尺寸，降低整机重量。

2. 功率

有 1.18 千瓦、1.29 千瓦、1.47 千瓦、1.9 千瓦、2.1 千瓦、2.94 千瓦等。1.18~2.1 千瓦的背负机主要用于农作物的病虫害防治，2.94 千瓦的大功率背负机，由于垂直射程较高，多用于树木的病虫害防治。

3. 风机的结构形式

风机一般采用离心式，按风机叶片出口角的不同，离心风机根据风机叶片可分为：后向式叶片、前向式叶片、径向式叶片。离心风机根据形状可分为：机翼形、平板形、圆弧形。

（二）背负式机动喷雾喷粉机的构造

现以 WFB-18AC 型背负式机动喷雾喷粉机为例加以介绍。背负式机动喷雾喷粉机主要由机架、离心式风机、汽油发动机、药液箱和喷管组件等组成。

1. 机架

机架由上机架、下机架、减震装置、背负系统及操纵机构组成。上机架用于安装药液箱和油箱，下机架用于安装风机和汽油机。

2. 离心式风机

离心式风机是背负式机动喷雾喷粉机最重要的工作部件。直接由汽油机带动产生高压、高速气流，进行喷雾和喷粉。风机上方有小的出风口，通过进风阀将部分气流引入药液箱，喷雾时对药液加压，喷粉时对药粉吹送。

3. 汽油发动机

提供作业时所需要的动力。

4. 药液箱

药液箱是储存药液或药粉并借助气流进行输送的装置。可以按不同需要更换几个零件便可以进行喷雾或喷粉作业。喷雾状态时药液箱内设有滤网、进气软管和进气塞；喷粉状态时药液箱内只设有吹风管。

5. 喷粉状态喷管装置

由风机弯头、小蛇形软管、大蛇形软管、直管、弯管组成。

6. 喷雾状态喷管装置

将喷粉状态喷管装置的小蛇形软管换成输液管，再装上通用式喷头即可。

7. 超低量喷雾状态喷管装置

与喷雾状态相同，但要将喷头换成专用的超低量喷头。超低量喷头是超低量喷雾时的重要工作部件，由转芯、喷嘴轴和前后齿盘、分流锥、驱动叶轮等组成。

8. 长薄膜管喷粉状态喷管装置

用来喷洒粉剂农药，喷洒效率高且洒落均匀。是在喷粉状态的基础上，取下直管和弯管，在大蛇形软管处装上长薄膜喷粉管。长塑料薄膜喷粉管长度为25~30米，直径约为10cm，管内穿有细尼龙绳，管壁上每隔20cm有一个直径为9cm的喷粉孔，安装时将喷粉孔朝向地面或稍向后倾斜，风机鼓动管内的药粉从喷粉孔吹出，使药粉向下喷出，高速穿过作物，喷到地面再返回空中，使药粉在离地面1米左右的空间形成粉雾，飘悬一段时间后才逐步沉降。因此，不仅对虫害有胃毒触杀作用，而且有较强的熏蒸作用。同时充分利用了风机的风量，减少药粉的飘移损失。喷粉均匀，避免了靠近风口的作物遭受风害和药害。它喷幅宽、效率高，适宜大田喷粉作业。

（三）背负式机动喷雾喷粉机使用与保养

1. 背负式机动喷雾喷粉机使用

（1）喷雾作业

首先组装有关部件，使整机处于喷雾作业状态。工作时，汽油机带动风机叶轮旋转，产生高速气流，并在风机出口处形成一定压力，其中大部分气流从喷管喷出，小部分气流经进气塞、进气管到达药液顶部对药液加压。当打开开关，药液在压力作用下经输液管从喷嘴周围的小孔以一定的流量流出，先与喷嘴叶片相撞，初步雾化，再与高速气流在喷口中冲击相遇，被气流弥散成细小雾粒吹向远方。

喷雾作业时，要注意以下事项：

①加药前先用清水试喷一次，保证各处无渗漏，然后配制添加药液。本机采用高浓度、小喷量，其浓度比手动喷雾器所用药液浓度高 5～10 倍；加药液时必须用滤网过滤，总量不要超过药液箱容积的 3/4，以免药液从过滤网出气口处溢进机壳内；药液必须干净，以防喷嘴堵塞；如果在汽油机不熄火的情况下加药液，一定要使汽油机处于低速运转状态；加药后要拧紧药液箱盖。

②喷洒时严禁停留在一处喷洒，以防对植物产生药害。大田作业时可变换弯管的方向，但不要将喷管弯折，应稍倾一定角度为好。

③背负式喷洒属飘移性喷洒，喷药应从下风口开始，采用侧向喷洒方式，不要逆风喷药。

④因早晨风小，并有上升气流，射程会更高些，所以对较高作物在早晨进行喷洒较好。

（2）喷粉作业

首先使药液箱和喷管处于喷粉状态，关好粉门后加粉。工作时，汽油机带动风机叶轮高速旋转，大部分高速气流经风机出口从喷管喷出，少量气流经出风口进入药液箱由吹粉管吹出，使药液箱中的药粉松散，以粉气混合状态吹向粉门体。当打开粉门，药粉经输粉管进入喷管，被气流吹散并送向远方。

喷粉作业要注意以下事项：

①添加的药粉应干燥、过筛，不得有杂物和结块。不停机加药时，汽油机应处于低速运转，并关闭挡风板及粉门。加粉后旋紧药液箱盖。

②背起机具后，将手油门调整到适宜位置，待汽油机稳定运转后可拨动粉门开关手柄，边行走，边喷洒。背机时间不宜过长，应以3~4人组成一组，轮流背负，避免背机人长期处于药雾中呼吸不到新鲜空气。

③喷粉作业要注意利用外界风力和地形，顺风从上风向往下风向喷洒效果较好，禁止喷管在作业者前方以八字形交叉方式喷洒。

④由于喷粉时粉末易被吸入汽油机的化油器，影响汽油机工作，所以不要把化油器内的过滤器拿掉。

（3）长薄膜喷管喷粉作业

用长薄膜喷管喷粉需要两人协作，一人背机操纵，另一人拉住喷管的另一端，工作中两人平行同步前进。

作业时注意以下事项：

①喷粉时要先将长薄膜塑料管从小绞车上放开，再调节油门加速，加速不要过猛，转座不要过高，能将长塑料薄膜管吹起来即可，然后调整粉门进行喷洒。为防止喷管末端积存药粉，作业中，拉住喷管的另一端的人员要随时抖动喷管。

②长薄膜管上的小出粉孔应呈15°角斜朝向下方，以便药粉喷出到地面上后反弹回来，形成一片雾海，提高防治效果。

③使用长薄膜喷管应逆风向喷撒药粉，但在稻田要顺风。

（4）超低量喷雾作业

超低量喷雾作业喷洒的是油剂农药，药液浓度高，为飘移积累性施药。施药时离心风机产生的高速气流经喷管进入喷头，遇到分流锥后呈环状喷出，喷出的气流吹到与雾化齿盘组合在一起的驱动叶轮上，叶轮带动雾化齿盘高速转动；另有一小部分气流经进气管进入药液箱，在药液上部对其加压。与此同时，从药箱中经输液管流量开关流入空心轴的药液，再从空心轴上的孔流入前、后齿盘的缝隙中，在高速旋转的齿盘的离心力作用下，沿齿盘周缘上的齿抛出，并被齿尖撕裂成细小雾滴，这些细小雾滴再被从喷口喷出的高速气流吹向远方，喷洒在防治对象上。

作业时注意以下事项：

①应保持喷头呈水平状态或有5~10°喷射角。自然风速大，喷射角应小些；自然风速小，喷射角应大些。喷头距离作物顶部高度一般为0.5米。

②喷雾时的行走路线和喷向应视风向而定。喷向要与风向一致或稍有夹角。喷射顺序应从下风向依次往上风向进行。

③要控制好行走速度、有效喷幅及背负机的药液流量。喷药前必须测定药液流量。方法是：在药箱中加入一定数量药液，取下喷头上的齿盘组件和分流锥盖，再用大量筒或大口径瓶套在喷嘴轴上，启动发动机并使之达到正常运转状态，接取流出的药液，然后打开开关，测定 60s，换算出药液流量（mL/s）。测定时，必须使喷嘴轴达到正式作业时的高度。

④水平方向的有效喷幅与自然风速有关。一般无风或微风时，顺风喷幅为 8~10 米，1~2 级风时，喷幅为 10~15 米；2~3 级风时，喷幅为 15~20 米。3 级风以上，药剂容易被吹散，防治效果不好，不宜进行作业。测定有效射程可顺风向每隔 5 米距离在作物顶上固定一行（需 6 张以上）着色卡片，在相距前一行 10 米处，再平行固定一行着色卡片，并编号，然后喷雾。稍待几分钟后，取回卡片，用 5~6 倍放大镜观察覆盖度。求出离喷头最远处约有每平方米 10 个雾滴的纸片的位置。从这张纸卡到喷头的距离为有效射程，大面积喷药时，就按此密度进行作业。

⑤地头空行转移时，要关闭直通开关，发动机要怠速运转。

⑥停止运转时要先关闭粉门或药液开关，再减小油门使汽油机低速运转 3~5 分钟，然后关闭油门，汽油机停止运转。放下机器，关闭油箱开关。

2. 日常保养

将药液箱内残存的粉剂或药液倒出。

用清水洗刷药液箱、喷管、手把组件，清除机器表面的油污尘土。

检查各零部件螺钉有无松动、脱落，必要时紧固。

用汽油清洗空气滤清器，滤网如果是注塑件，应用肥皂水清洗。喷粉作业时，则须清洗汽化器。

超低量喷雾作业半天后，应把齿盘组件取下，用柴油清洗轴上的孔，保持泡液畅通，用干净棉丝或布擦净喷头，注意不要用水冲洗，以防轴承生锈。每天还应把齿盘中的轴承取下用柴油清洗干净，加入适量钙基润滑脂后装好，取下调量开关畅通清洗孔径。

3. 长期存放

要放净燃油，全面清理油污、尘土，并用肥皂水或碱水清洗药液箱、喷管、手把组合、喷头，然后用清水冲净并擦干。金属件要涂防锈油；脱漆部位，除锈涂漆。取下汽油机火花塞，注入 10~15 克润滑油，转动曲轴 3~4 转，然后将活塞置于上止点，最后拧紧火花塞用塑料袋罩上，存放于阴凉干燥处。

二、喷杆喷雾机

喷杆喷雾机是一种装有横喷杆或竖喷杆的液力喷雾机。喷杆喷雾机具有结构简单、操作调整方便、排液量大、喷雾速度快、喷幅宽、喷雾均匀性好、生产率高等特点，广泛适用于喷洒化学除草剂和杀虫剂，对大豆、小麦、玉米和棉花等农作物的播前、苗前土壤处理、作物生长前期灭草及中后期病虫害防治等，均有良好效果，是一种较为理想的大田作物用大型植保机械。

（一）喷杆喷雾机的种类

喷杆喷雾机的种类很多，主要分以下三大类：

1. 根据喷杆形式不同分类

（1）横喷杆式

喷杆水平配置，喷头直接安装在喷杆下面，是目前喷杆喷雾机上最常用的一种配置形式。

（2）吊杆式

在横喷杆下面平行地垂吊着若干根竖喷杆。作业时，横喷杆和竖喷杆上的喷头对作物形成门字形喷洒，使作物的叶面、叶背等处能较均匀地被雾滴覆盖。该类剂型主要用于对棉花等作物的生长中后期喷洒杀虫剂、杀菌剂等。

（3）气流辅助式（气袋式）

气流辅助式（气袋式）是一种新型喷雾机，在横喷杆上方装有一条气袋，有一台风机往气袋供气，气袋下方对着喷头的位置开有一排出气孔。作业时，喷头喷出的雾滴与从气袋出气孔排出的气流相撞击，形成二次雾化，在气流的作用下，吹向作物。同时，气流对作物枝叶有翻动作用，有利于雾滴在叶丛中穿透及在叶背、叶面上均匀附着。作业时喷雾装置还可根据需要变换前后角度，大大降低了飘移污染。

2. 根据动力源不同分类

（1）悬挂式

喷雾机通过拖拉机三点悬挂装置悬挂在拖拉机上。

（2）固定式

喷雾机各部件分别安装在拖拉机上。

（3）牵引式

喷雾机自身带有底盘和行走轮，通过牵引杆与拖拉机相连。

3. 按机具作业幅宽分类

（1）大型

喷幅在 18 米以上，主要与功率 36.7 千瓦以上的拖拉机配套作业。大型喷杆喷雾机大多为牵引式。

（2）中型

喷幅为 10~18 米，主要与功率 20~36.7 千瓦的拖拉机配套作业。

（3）小型

喷幅在 10 米以下，配套动力多为小四轮拖拉机和手扶拖拉机。

（二）喷杆喷雾机主要结构及工作原理

喷杆喷雾机的分类众多，但其构造和原理基本相同。主要工作部件由液泵、药液箱、喷射部件、搅拌器和管路控制部件组成。

1. 液泵

喷杆喷雾机的液泵主要有隔膜泵和滚子泵两种形式。隔膜泵分为四缸活塞隔膜泵和三缸活塞隔膜泵。滚子泵是一种结构简单、紧凑、使用维护方便的低压泵，特别适用于喷杆喷雾机。

滚子泵由泵体、轴、转子、滚子和泵盖等组成，转子与泵体偏心安装。由于滚子是靠离心力而紧贴泵体工作的，因此对泵的转速有一定要求。转速太低则离心力太小，泵不能正常工作；转速太高则离心力太大，滚子与泵体、转子侧壁的接触应力加大，将加速滚子的磨损，影响泵的寿命。通常泵的铭牌上都标有泵的额定转速，使用时应予以注意。

2. 药液箱

药液箱用于盛装药液，容积有 0.2 立方米、0.65 立方米、1 立方米、1.5 立方米和 2 立方米等。药液箱的上方设有加液口和加液口滤网，药液箱的下方设有出液口，药液箱内还装有回液搅拌器。有些喷杆喷雾机不用液泵，而是用拖拉机上的气泵向药液箱内充气使药液获得压力。此时，机具的药液箱不仅要有足够的强度，而且要有良好的密封性。

药液箱一般用玻璃钢或聚乙烯塑料制造，耐农药腐蚀。市场上也有用铁皮焊合而成的，它的内表面涂防腐材料，耐农药腐蚀的性能较差，使用时间较短。

3. 喷射部件

喷射部件由喷头、防滴装置和喷杆桁架机构等组成。

（1）喷头

适用于喷杆喷雾机的喷头主要是液力式喷头，常用的喷头有空心圆锥雾喷头和狭缝式刚玉瓷喷头两种。

空心圆锥雾喷头：喷出的雾呈伞状，中心是空的，在喷雾量小和喷施压力高时可产生较细的雾滴。可用于喷洒杀虫剂、杀菌剂。

刚玉瓷狭缝式喷头：与圆锥形雾喷头相比，喷出的雾滴较粗，雾滴分布范围较窄，但定量控制性能较好，能较精确地洒施药液。喷出的雾流呈扇形，在喷头中心部位处雾量较多，往两边递减，装在喷杆上相邻喷头的雾流交错重叠，使整机喷幅内雾量分布均匀。狭缝式喷头按喷雾角分为两种系列：N110 系列和 N60 系列。N110 系列喷头的喷雾角是 110°，主要用于播前、苗前的全面土壤处理；N60 系列喷头的喷雾角是 60°，主要用于苗带喷雾。

（2）防滴装置

喷杆喷雾机在喷洒除草剂时，为了消除停喷时药液在残压作用下沿喷头滴漏而造成的药害，多配有防滴装置。防滴装置共有三种部件（膜片式防滴阀、球式防滴阀和真空回吸三通阀），可以按三种方式配置（膜片式防滴阀加真空回吸三通阀、球式防滴阀加真空回吸三通阀、膜片式防滴阀）。

膜片式防滴阀：有多种形式，大多是由阀体、阀帽、膜片、弹簧、弹簧盒和弹簧盖等组成。其工作原理为：打开喷雾机上的截止阀时，由液泵产生的压力通过药液传递到膜片的环状表面，又通过弹簧盖传递到弹簧，当此压力超过调定的阀开启压力时，弹簧受压缩，药液即冲开膜片流往喷头进行喷雾。在截止阀被关的瞬间，喷头在管路残压的作用下继续喷雾，管路中的压力急剧下降，当压力下降到调定的阀关闭压力时，膜片在弹簧作用下迅速关闭出液口，从而有效的防止管路中的残液沿喷头下滴，起到了防滴作用。

球式防滴阀：球式防滴阀同喷头滤网组成一体，直接装在普通的喷头体内，主要由阀体、滤网、玻璃球、弹簧和卡片组成。

其工作原理与膜片式防滴阀相同，只是将膜片换成了玻璃球，由于玻璃球与阀体是刚性接触，又不可避免地存在着制造误差，所以密封性能较膜片式防滴阀差。

真空回吸三通阀：常用是圆柱式回吸阀，它由阀体、阀芯、阀盖手柄、射流管、进液口等组成。

工作原理为：当喷雾时回吸通道关闭，从泵来的高压液体直接通往喷杆进行喷雾，转动手柄，回吸阀处于回吸状态，这时从泵来的高压水通过射流管再流回药液箱，在射流管的喉部，由于其截面积减小，流速很大，于是产生了负压，把喷杆中的残液吸回药液箱，配合喷头片的防滴阀即可有效地起到防滴作用。

（3）喷杆桁架机构

喷杆桁架的作用是安装喷头，展开后实现宽幅均匀喷洒。按喷杆长度的不同，喷杆桁架可以是三节、五节或七节，除中央喷杆外，其余各节可以向后、向上或向两侧折叠，以便于运输和停放。

在喷雾作业时，喷杆桁架展开成一直线，在外喷杆的两端装有仿形环或仿形板，以免作业时由于喷杆的倾斜而使最外端的喷头着地。在每侧的外段喷杆与中段喷杆之间均设有一个竖直方向的弹性外动回位机构，当地面不平、拖拉机倾斜而使喷杆着地时，外喷杆可以自动地向上避让。中央喷杆与邻接的中喷杆之间也需要装有安全避让装置，如在两节喷杆之间倾斜地装有凸轮弹簧自动回位机构。作业中，当遇到障碍物时，在外力作用下，凸轮曲面克服弹簧力开始滑动，它一边把中喷杆和外喷杆抬起，一边使它们绕着倾斜的凸轮轴向后、向上回转，绕过障碍物后，在喷杆自重及弹簧力的作用下，又迅速复位，从而起到保护喷杆的作用。

4. 搅拌器

搅拌器的作用是使药液箱中的药剂与水充分混合，防止药剂（如可湿性粉剂）沉淀，保证喷出的药液具有均匀的浓度。喷杆喷雾机上均配有搅拌器。

常用的搅拌器有机械式、气力式和液力式三种。机械式搅拌器是通过机械转动，使药液箱下部的搅拌叶片转动搅拌药液。优点是无须增加泵的额外负担，搅拌效果好，但须增加传动装置，轴孔处易发生泄漏现象，故现在很少使用。气力式搅拌器是将风机的气流或发动机排出的废气引向药液箱中进行搅拌。前者要增加一套风机部件，后者对发动机性能有不利影响，而且高温度气体对药液有分解作用，影响药效，因此也很少采用。液力式搅拌器是目前最常用的一种搅拌器，它是将一部分液流引入药液箱通过搅拌喷头喷出，或流经加水用的射流泵的喷嘴喷射液流进行搅拌。

5. 管路控制部件

喷杆喷雾机的管路控制部件往往被设计成一个组合阀，安装在驾驶员随手能触摸到的位置，以便于操作。管路控制部件包括调压阀、压力表、安全阀、截流阀和分配阀。调压阀用于调整、设定喷雾压力；压力表用于显示管路压力；安全阀把管路中的压力限定在一安全值以内；截流阀用于开启或关闭喷头喷雾作业；分配阀把从泵流出的药液均匀地分配到各节喷杆中去，它可以让所有喷杆进行喷雾，也可以让其中一节或几节喷杆进行喷雾。

（三）喷杆喷雾机的使用与维护

1. 机具的准备、调整工作

（1）机具准备

喷雾前按使用说明书要求，做好机具的准备工作，如拖拉机与喷杆牵引部件、悬挂部件等的连接；对各运动部件的润滑；拧紧已松动的螺钉、螺母；对轮胎充气；检查各旋转部件是否灵活，输液系统是否畅通和有无渗漏等现象。

（2）检查喷头喷嘴喷量和雾流形状

在药液箱内装入一些清水，原地开动喷雾机，在工作压力下喷雾，观察各喷头雾流形状，如有明显流线或歪斜，应更换喷头。在所选定的喷雾压力下，用塑料袋或塑料桶收集 30~120 秒时间内各喷嘴的药液，然后用称量法分别测出各喷头的喷量，并计算出全部喷头 1 分钟的平均喷量。若喷量高于或小于平均值 10% 的喷嘴，则应适当调整或更换，使喷头沿喷幅方向的喷雾量尽量趋于均匀。

（3）喷雾压力的调节

根据风力大小或雾化压力的需要，适当调节泵的工作压力，用手旋动调压阀的调压手轮。顺时针旋动时，泵的工作压力升高；逆时针旋动时，泵的工作压力降低。工作压力的大小，可从压力表上读出。

（4）校准喷雾机

可采用很多方法校准，如在将要喷雾的田里量出 50 米长，在药液箱里装上半箱水，调整好拖拉机前进速度和工作压力，在已测量的田里喷水，收集其中一个喷头在 50 米长的田里喷出的液体，称量或用量杯测出液体的克数或毫升数即可。

（5）施药量的调节

根据不同作物病虫草害防治要求，可适当调节施药量的大小来达到所需的亩施药量。有三种调节方法：当每亩施药量变化范围不大时，可适当调节喷雾压力的大小；当施药量变动小于25%时，可适当调节拖拉机行走速度；当每亩施药量变化范围较大时，可更换较大或较小喷量的喷头。

2. 操作注意事项

（1）搅拌

彻底而又充分地搅拌农药是喷雾机作业中的重要环节之一，搅拌不均匀将造成施药不均匀，时多时少。如果搅拌不当的话一些农药能形成转化乳胶，它是一种黏稠的蛋黄酱似的混合物，既不易喷雾又不易清除。加水时就应启动液泵，让液力搅拌器边加水边搅拌。水加至一半时，再边加水边加入农药，这样可使搅拌效果最佳。对于乳油和可湿性粉剂一类的农药，应事先在小容器内加水混合成乳剂或糊状物后再加到药液箱中，这样搅拌的效果更佳。

（2）田间操作

田间操作时，驾驶员必须注意保持前进速度和工作压力，不能忽快忽慢或偏离行走路线，以免造成喷洒的不均匀。同时应该在作业现场就喷杆喷雾机的喷幅宽度在田头做上标记（如插旗），以免作业时驾驶员回头喷第二行时找不到上一行喷洒作业的边缘而造成漏喷或重喷。工作中一旦发现喷头出现诸如堵塞、泄漏、偏雾、线状雾等不正常情况，应及时排除。喷雾时，应根据风向选择好行车路线，即行车路线要略偏向上风方向。一般来说，1~2级风要偏0.5米左右，3~4级风要偏1米左右，4级风以上应停止作业，以免影响防治效果及雾滴被风刮到相邻地块造成药害或环境污染。

（3）安全

无密封式驾驶室的驾驶人员应采取戴口罩、穿长袖衣裤等防护措施。在清洗、更换喷头或加农药时应戴手套。严禁边作业边吃东西或抽烟，以防中毒。

（4）维护保养

每班次作业前应进行以下保养工作：检查各紧固件是否拧紧装车，发现松动时予以拧紧。检查泵的油面是否处于油位线处，如不够，应加14号或11号柴油机机油补足。用黄油枪向各黄油嘴处加注适量黄油。向轮胎（牵引式喷杆喷雾机）和空气室（顶压式液泵）内补充气压至规定值。

每班次作业后应倒净药液箱内残液，并用肥皂水仔细清洗药液箱、过滤器及喷嘴，最后用清水冲洗整个喷雾系统，并将洗涤水排掉。喷头过滤网、药液箱出口处的过滤器、滤网、调压分配阀等部件至多隔2个班次就要清洗1次。每工作

100 小时后，应向泵内加 1 次油，并检查泵的隔膜、气室隔膜、进出水阀等是否损坏，若有损坏，应及时更换。如果隔膜损坏，农药进入泵腔，就须放净泵腔内的润滑油。用轻柴油清洗泵腔后，更换新润滑油。用过有机磷农药的喷雾机，内部要用浓肥皂水溶液清洗。喷有机磷农药后，应用醋酸代替肥皂清洗。最后用泵吸肥皂水，通过喷杆和喷头，对它们加以清洗。清洗喷头和滤网，也可用上述溶液。

　　每年防治季节结束时，彻底清洗药液箱内外表面及机具外表污垢，坚实的药液沉积物可用硬毛刷刷去。向药液箱加注清水并启动液泵进行喷洒，以便清洗泵及管路系统中的残留物。放净药液箱中的残水并擦干净，同时放净泵、过滤器、管道中的残水，以防严冬时冻坏各有关部件。放出液泵机油，以柴油清洗后再按规定加入新机油。检查机具外表有无油漆脱落、碰伤。如发现，应及时补漆，以免锈蚀。拆下喷头清洗干净并用专用工具保存好，同时将喷杆上的喷头座孔封好，以防杂物、小虫进入。

参考文献

［1］董建国．粮油作物绿色高产栽培与病虫害防控［M］．北京：中国农业科学技术出版社，2024．

［2］魏然杰，古宁宁，余复海．农作物栽培与配方施肥技术研究［M］．长春：吉林科学技术出版社，2023．

［3］姜正军，苏斌．现代种植新技术［M］．武汉：湖北科学技术出版社，2023．

［4］曾劲松，丁小刚，赵杰．现代农业种植技术［M］．长春：吉林科学技术出版社，2023．

［5］高丁石．农作物高效间套作实用技术与种植模式图解［M］．北京：中国农业出版社，2023．

［6］黄新杰，石瑞，阚宝忠．种植基础与农作物生产技术［M］．长春：吉林科学技术出版社，2023．

［7］王子君，邵建华，陈绍荣．中国农作物营养套餐施肥新技术［M］．北京：中国农业科学技术出版社，2023．

［8］王季春，郭华春．作物学各论［M］．北京：科学出版社，2023．

［9］张杰，李国强，臧贺藏．智慧农业应用系统开发与实践［M］．北京：中国农业出版社，2023．

［10］高丁石．绿色农业发展理论与实用技术［M］．北京：中国农业科学技术出版社，2023．

［11］李谨．农作物绿色高产高效栽培与病虫害防控［M］．天津：天津科学技术出版社；天津出版传媒集团，2022．

［12］张明龙，张琼妮．农作物栽培领域研究的新进展［M］．北京：知识产权出版社，2022．

［13］马占飞，孔宪萍，邓学福．农作物高产理论与种植技术研究［M］．长春：吉林科学技术出版社，2022．

[14] 徐岩，马占飞，马建英．农机维修养护与农业栽培技术［M］．长春：吉林科学技术出版社，2022.

[15] 艾玉梅．大田作物模式栽培与病虫害绿色防控［M］．北京：化学工业出版社，2022.

[16] 董双林．植物保护学通论［M］．3版．北京：高等教育出版社，2022.

[17] 王恩杰．农作物栽培与管理［M］．成都：电子科学技术大学出版社，2021.

[18] 王长海，李霞，毕玉根．农作物实用栽培技术［M］．北京：中国农业科学技术出版社，2021.

[19] 唐湘如．作物栽培与生理实验指导［M］．广州：广东高等教育出版社，2021.

[20] 陈彦宾，李华锋，李文龙．主要经济作物优质丰产高效生产技术（二）［M］．北京：中国农业出版社，2021.

[21] 王梦芝，高健．农作副产物高效饲料化利用技术［M］．北京：中国农业科学技术出版社，2021.

[22] 王秀鹃．农业节水的技术经济与贸易机制研究［M］．北京：中国农业出版社，2021.

[23] 龚向胜，黄璜．农田生态种养实用技术［M］．北京：中国农业出版社，2021.

[24] 樊景胜．农作物育种与栽培［M］．沈阳：辽宁大学出版社，2020.

[25] 缑国华，刘效朋，杨仁仙．粮食作物栽培技术与病虫害防治［M］．银川：宁夏人民出版社，2020.

[26] 张亚龙．作物生产与管理［M］．北京：中国农业大学出版社，2020.

[27] 卢振铭，高亚娟．科技助力乡村振兴农业实用技术选编［M］．赤峰：内蒙古科学技术出版社，2020.

[28] 许吟隆，李阔，习斌．我国作物生产适应气候变化技术体系［M］．北京：中国农业出版社，2020.

[29] 李虎，宫田田，吴晚信．玉米绿色高产栽培技术［M］．北京：中国农业科学技术出版社，2020.

[30] 田福忠，郭海滨，高应敏．农作物栽培［M］．北京：北京工业大学出版社，2019.

［31］张海清．现代作物学实践指导［M］.长沙：湖南科学技术出版社，2019.

［32］张俊华．农作物病害防治技术［M］.哈尔滨：黑龙江教育出版社，2019.

［33］金青，王维彪，王昕坤．经济作物规模生产与产业经营［M］.咸阳：西北农林科技大学出版社，2019.

［34］朱宪良．主要农作物生产全程机械化技术［M］.青岛：中国海洋大学出版社，2019.

［35］金桂秀，李相奎．北方水稻栽培［M］.济南：山东科学技术出版社，2019.

［36］石林雄．大宗作物生产机械化技术［M］.兰州：甘肃科学技术出版社，2019.